纸上建筑

U0298868

白纸行黑字

沙页翻长河

生活在猫国

非非妈 著

中央广播电视大学出版社
·北京·

前 言

不知道是从什么时候开始，我发现我一直生活在猫国里，如果有事要出远门，要住上几宿我就会寝食不安，好像远离了自己的国土，有一种亲人不在身边的孤寂。

尘封中的记忆，演变成一种习惯。习惯于有猫咪相伴。习惯真很可怕，它就像身体里的某个器官，倘若失去，就连呼吸也困难起来，孤独的本身并不可怕，可怕的是当我们由拥有变成习惯时，那便成了无底深渊。

非非、数点、白菜、果果是跟随我多年的猫咪。我们在一起没有海枯石烂，没有山崩地裂，没有轰轰烈烈，有的只是相濡以沫的细水长流。就像幸福的家庭都是相似的一样。

社会越是文明，就越有更多的人热爱大自然，热爱小动物。用领养代替买卖。只要有条件就会收养一只或多只流浪猫，给予它们生活上的保障，久而久之，我们习惯了与猫共处一个屋檐下，一个房间里。

我们喜欢猫咪的高雅与美丽，喜欢猫咪的活泼与单纯，喜欢猫咪简单的生活。慢慢地被它们的生活习惯所改变。大多数养猫的女士或先生的行为举止在不知不觉中会慢慢地显得高雅得体，像猫一样洒脱地生活着。

我写这本书的初衷就是想把养猫的快乐分享给大家，猫咪现在已经成了我生活中必不可少的元素，是我的好朋友。在这个尘世中，它们带给我的是一份清凉，一份温暖，能让我的心里有深深的感动。

这个世界是美好的，只要用心去倾听，你会发现居然还有这么美丽的生命，轻轻地用美妙的声音呼唤着我们，安慰着我们，让我们体会在人类生命之外的生命，它们是那么的美丽与生动。

我很幸运，总能遇到可爱的猫咪，而且也被猫咪所接纳。从喜欢唠叨的数点大叔，到我的朋友小洁救助的窝窝头与小作女；从帅气逼人的果果，到足不出户还被众猫崇拜的白菜公主……

此时此刻，可爱的警长牛蛙就坐在我的膝盖上，两眼盯着电脑屏幕上的一闪一闪的鼠标点，如果我走开一会儿，它就会跳到电脑边，一屁股坐在键盘上，键盘顺着它坐着的地方，自动在屏幕上跳出一串字符。有时候我的QQ与MSN聊天窗口没关，对方就会莫名其妙收到看不懂的一串字符，就特别好奇地打开视频，不看不知道，一看吓一跳，因为他们看见的是一只猫头。

当他们发现与自己在网上聊天的竟是一只猫，以为自己在做梦，梦游童话世界。他们在网络那一头惊叹，现在的猫真聪明，可以与人类在网上聊天。

最让我难以忘怀的还是非非，一个把我带入猫国的非常有灵性的猫咪。我现在与噜噜、小洁还有很多朋友一起救助了无数只落难的小猫，而非非才是真正的幕后功臣。

书中的照片都是我亲自拍摄的我所接触过的猫咪，我用图片真实地记录了与它们相处的点点滴滴。如果你现在收养了一只猫，那么请你试着去了解它，相信你与它相处的日子一定会很愉悦的。相信我的书也能给你带来养猫的渴望。

——非非妈（陆珊珊）

目 录

一、窝窝头与猫外婆

　　窝窝头与妹妹小作女很幸运，因为刚刚被没有责任心的猫主人遗弃在一家正在装修的饭店的楼道里，就被我的朋友小洁路过时发现。小洁是个爱猫天使，家里已经有三只猫了，都是以前收养的，其中有一只胖大咪十岁，体重有二十多斤，（它的照片收集在《七十二家猫房客》里）。胖猫出门很麻烦，一般的宠物箱是容纳不下的。小洁不但爱家里的胖大咪，同样也爱着每一只无家可归的流浪小猫，每次只要看到流浪小猫就会出手相救，就会做出超出自己能力范围的好事，把可怜的没有生存能力的小猫一只一只捡回家。当然这个家是指我的家，还有周边的宠物医院。

　　而这次她发现了可爱的窝窝头兄妹俩，两个小家伙名正言顺进入我家，做了临时的家庭猫员。

　　我家年龄最大的猫咪是数点大叔，今年九岁，每次家里来新猫，哪怕是暂时的或者是寄养的，都必须征得它老人家的同意。小窝窝头进家第一关就是向数点大叔行礼，小动物之间的行礼不像我们人类见面握手，吻一下脸颊那样，它们是吻一下对方的屁股，相互闻过就算是打过招呼了。数点面对小奶猫都会坦然接受，这是只善良的心胸坦荡的好猫，更何况小猫咪的出现不会对数点大叔猫国国王的这个位置构成威胁，两个小家伙还不知道什么是"高层建筑"，它们只要有好吃的、好喝的，有个安稳的小枕头就会感到很幸福，很满足了。

每个小生命的诞生都有其深刻的意义，抚育一个生命的成长更是意义非凡，在抚养过程中可以享受到由小生命一天一天成长所带来的喜悦。

两个小猫相守在一起，无论家里有人或没人都不会感到寂寞，它们会通过自娱自乐来打发时间，然后期待着黑夜的来临，因为只有到了夜晚才可以与人相处，才可以与亲爱的猫外婆在一起。猫外婆会很温存地抚摸它们，让它们失去的母爱重新寻找回来，让它们感觉到猫妈妈的拥抱，这样才能踏踏实实地闭上美丽的眼睛，幸福地打着小呼噜进入梦乡。

猫外婆很喜欢窝窝头与小作女，但也不会照单全收，因为小猫都会有长大的一天，等它们长大了，就会抢数点大叔的地位，家里就会发生猫战争，无论是人类还是小动物，引起战争的原因就是权力与"女人"（没有做过绝育的公猫会对母猫产生强大的兴趣，如果家里有多只公猫就会为了发情的母猫而争风吃醋，打斗不休）。所以趁它们还没有长大的时候，先给它们找一个更合适的好人家，以远离纷争的世界。小猫长大了就该做绝育手术，免除以后不必要的麻烦。

窝窝头性格比较刚烈。从小就是很Man，说一不二，不高兴的时候就独自闷着，谁都不理。生病的时候请医生给它打针，它就是不配合。幸好猫外婆打针非常专业，决不输给宠物医生，用最快、最准、最温柔的手法给窝窝头打针。窝窝头性格刚强，但敌不过漂亮可爱的嗲妹妹。它对亲妹妹宠爱有加，家里有好吃的、好喝的都会让着它。小妹妹很像上海的女孩，特别作，于是取名小作女。两只小猫在一起玩耍总是窝窝头吃亏。小作女见到人就会叫嚷，就往人怀里钻，发嗲发得直让你骨头都酥。

我们对救助过的小猫都很喜欢，都有感情，但喜欢不代表要占有，喜欢就得让它们有个幸福的未来，就应该给它们找一个真正的爱它们的主人，让它们有一个温暖的家。

当新妈妈接走它们的时候，猫外婆心里就会有失落感。在家里会摆上两个小家伙用过的小碗和玩具好一阵子。外出一回家还会呼叫窝窝头、小作女，这种习惯一时真的难以改变。

窝窝头与小·作女在新家过着幸福的生活。

当猫外婆第一眼看到这样的小猫，这样圆圆的脑袋，这样圆圆的身体，就想到了"窝窝头"这个名字。

窝窝头与小·作女的合影。

小·猫咪对生活要求不高，只要有太阳晒，
就感觉在妈妈温暖的怀抱里。

有猫豆吃就OK了。

还有软绵绵的大床睡。

只要我们伸出援手，不少落难的小·猫就能被解救。

被救助之后的窝窝头与小·妹妹。

它们吃得狼吞虎咽，
可见在外面流浪已经饿坏了，真让人心疼。

有家的感觉真好。

吃饱喝足了。

几天下来就吃成了小胖子。

窝窝头懂得感恩。

最要感谢的人是猫外婆。

想给外婆一个爱的抱抱。

外婆为什么不接受呢？

**如果我们不了解小猫咪的心思，它就会很落寞，
觉得人类太不可思议了。**

幸福就是那么简单。

当太阳升起来的时候，目送外婆出门。

当太阳下山的时候，迎接外婆回家。

兄妹俩感情很好，说好这辈子不分开。

无论到哪里都带着妹妹。

有哥哥保护真好。

二、爱唠叨的数点大叔

　　我家的猫儿子叫数点，猫国里所有的猫都管它叫大叔，这是按辈分排列的。数点今年九岁了，相当于人年龄的五十多岁，所以有资格成为猫界的叔伯辈。

数点大叔的近照。

　　数点以前会简单的发音，比如："啊""吗""哦"。之后总是看着它的宝贝妈妈说话，慢慢地记住了简单的字符。慢慢地会吐出两个或三个音节。它最常用的就是："How are you?"语出惊人，让周边的人类都会吃惊。妈妈为了鼓励数点继续说话，总会抽时间与它对话。

"What are you doing?What……"

数点得到妈妈的肯定后，就会更加用功地练习说话，每天给妈妈来一两句问候语。这也是一种与妈妈交流感情的方式。久而久之妈妈和宝贝猫儿子成了无话不说的知音，不管听得懂还是听不懂，数点都会很有礼貌地嗯嗯啊啊回应一下。

周末有朋友过来玩，只要看到数点在说话，都想抢着与它对话，数点面对不熟悉的人说话时就会着急，这一着急就会结巴，结巴的表情就是嘴巴张着抖动着，却吐不出一个字来。

猫咪不是人类，它听不懂我们的长篇大论，复杂的音节与长长的句子只会让它不知所措，弄不清真实的意思，因此，我们在教育猫咪时，最好还是使用让猫咪能够清楚、了解的方式。

数点最常说的就是"Hello"，它可能养成了用英文来表达的习惯，也许英文比中文简单得多，也许数点梦想考托福，准备出国深造哈。

数点的唠叨算是比较特殊。如果没有肢体动作，只是用文字来表达是很无力的。其实大多数猫咪与猫主人喜欢用肢体语言交流。所谓"猫的肢体语言"就是猫用耳、

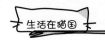

尾、口、身子来表达自己的心情和欲望。猫咪要是腻在人的脚下、身旁，或用头蹭你的话就是亲热的表示。如果猫把从嘴边分泌出来的一种气味蹭到你身上的话，就表示它想把你占为己有。要是猫的喉咙里发出叽里咕噜的声音，就表明它心情很好。要是猫像鸭子孵蛋一样，前脚往里弯的话，就表示它的安心和依赖。

我每天起床第一件事就是与猫亲热一下，亲亲它们的粉粉的小鼻子，这是与它们打招呼呢。相当于我们人类说早安。

数点大叔有时候会特别安静，安静得连眼睛都不会眨一下。有一次，有一个朋友第一次上我家玩，她走到我家的房间门口，看到窗台有只篮子，篮子里有一只猫，一动不动。她很惊讶：

"你真是一个雕塑家，连猫咪都做得像真的一样。"

"？"

"这猫雕塑是刚出炉的，还冒着热气，要不你过去摸摸？"

我说着就拿着她的手走近数点身边，把她的手放在猫的身上。

"天啊，这是活的啊。"

数点像雕塑一样，连眼睛都不眨一下。

从那以后，我这个朋友就深深地爱上了数点大叔，成了数点大叔忠实的粉丝。后来，与我合租房子的米拉妈妈，我让她走近摸一下那只"猫雕塑"，还是热腾腾的。她一触摸到温柔的数点，竟惊讶得连话都说不出来了。

别看数点大叔黏妈妈，性格温柔，有时候安静得像雕塑，但如果真的有人招惹了它，它就翻脸不认人。天王老子来了都不怕。

我有个朋友很喜欢数点，每次过来总要激怒它，于是就会发生人猫之间的一场战争。

表面看上去很沉稳的数点大叔。

但它天生爱唠叨，已经成了圈内人的佳话。

冬天系着小围巾看树上的小鸟。

傍晚的时候喜欢待在露台上。

妈妈不在家的时候，会守在房间门口当门卫。

如果坏人来了，就与他斗。

到底谁怕谁!

我用利爪抓伤你。

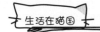

数点啊，你只是一只纸老虎，斗不过人类的。

但你那保家卫国的精神值得表彰，猫咪们封你为王。

做猫王就要学会享受，躺在龙椅里，想着美女。

戴着王冠。

披着风衣。

穿棉衣还是猫模人样。

每年有台风的时候就是数点的生日。

数点过生日那天总会很搞笑，悄悄地钻进小时候
睡过的小·篮子，然后与篮子一起翻滚到地上。

记得小时候在最小的篮子也可以睡觉。

知道自己已经不是从前的小屁孩了，换上大篮子。

妈妈非常爱护它，每年四季都给它穿不同的衣服。

春天穿T恤。这是数点的第一件衣服。

秋天的小·毛衣。

还有更鲜艳的毛衣。

冬天的棉衣。

数点还喜欢流行音乐，最近迷恋《中国好声音》。

天下猫咪都喜欢爬树。

潜伏在花丛中。

三、都是人类的小·天使

1.孩子与猫

有一天早上我带着小猫CC，背着相机独自散步到公园，我与CC刚坐下，就有几个小朋友围过来，他们很高兴认识小猫CC。一个一个伸出小手轻轻地握住CC的小爪。此时此刻CC也被热情洋溢的小朋友的爱所感动。

我按下相机的快门，留下这珍贵的记忆。

很少有孩子不想要一只小猫。猫与孩子都喜欢撒娇，喜欢玩耍，但是如果太早满足孩子们这个愿望也是不可取的，因为他们先要懂得，猫不是一个毛绒玩具，而是活生生的动物，所以，基本上孩子要等到上小学的时候才可以拥有小猫。

如果猫与小孩从小一起长大，猫主人需要告诉孩子，猫咪不能像洋娃娃一样老是抱着，随身带着。不要在猫进食或睡觉的时候打扰它，也不要在猫身后追赶它，更不要抓猫的尾巴，应该等猫自己走过来，才可以与猫玩，要教会孩子怎样抚摸猫，怎样与猫一起玩，还要教会孩子能够看出猫想自己静一静，自己待一会儿的想法。

当小女孩温柔地抱着小猫时，多可爱。

小男孩也要摸小猫。

很轻很轻地抚摸，就怕过重了会伤着小猫。

小女孩想与小猫待在一起啊！

小女孩懂得如何爱护关心、照顾小猫咪。

从小与猫一起玩大的瞳瞳。

可爱的瞳瞳。

2.猫咪与猫主人生宝宝不冲突

好多怀孕的猫主人当在介绍如何做母亲的书中看到"弓形虫病"字眼的时候，总会感到腹部一阵莫名的不安。继续读下去只会增加她的恐惧："孕妇由猫传染'弓形虫病'……并将此病传染给婴儿。"兽医和妇科医生则认为，虽然需要对这样的情况保持警惕，但也不必过于惊慌。

北卡罗莱纳州立大学兽药学院的宠物和特种药品副教授迈克尔·戴维森医生说："有些医生要求孕妇不要养猫，

但是这是不必要的。"猫传染弓形虫病的唯一渠道是直接接触猫的粪便，而大部分人都避免这样做！怀孕期间只要注意几个简单的事项就能完全避免接触这种寄生虫。

80％的猫在它们的一生中可能传染上弓形虫病，传染的途径通常是食用了死老鼠、鼹鼠、松鼠或其他被感染的小动物。有些猫没有表现出任何症状，而有些猫则表现为腹泻或无精打采，偶尔还会引发肺炎或眼部炎症。但完全住在室内、从未与老鼠接触过的猫可能永远也不会被传染。

为了避免传染弓形虫病，怀孕的猫主人应避免接触猫的排泄物和猫砂盆，让其他人完成清理猫粪便的工作，或者接触上述物时戴手套，事后仔细洗净双手。如果猫的活动范围在庭院中，在清理庭院时也要特别注意。戴维森医生建议应每日清理猫砂盆，因为生物体被排出后，至少要到24小时后才有可能带有传染性。有趣的是，猫的一生中只在粪便中排泄这种生物体一次，也就是在它被第一次传染之后。戴维森医生认为："它们不太可能碰巧在女人的怀孕期间排出这种生物体。"

一个简单的血检可以查出人是否被传染了弓形虫病。但是，这个检查不能测出被测者是什么时候传染上的，因此建议最好在准备怀孕之前做检查，这样，她就能在怀孕之前知道自己是否被传染了。

　　弓形虫病应该引起重视，但是没有理由一定要孕妇把猫送人。孕妇在怀孕期间会对未来充满期望，或对体重的日益增加感到负担沉重，或对即将到来的生产感到紧张，此时最好的解决方法、也是非常安全的方法就是——在沙发里和你的猫咪舒服地依偎在一起。

　　我曾经去看望准备生小孩的朋友，那天她怀抱着猫与我聊天，让"猫儿子"一起来迎接小生命。

我那位怀孕的朋友，很坦然地与猫儿子生活在一起。

让腹中的婴儿能感受到"猫哥哥"也在等接待她的来临。

美丽的猫主人与美丽的猫咪都幸福地期待着
一个新生命的来临。

妈妈，妹妹从哪里出来?

妹妹会从妈妈的肚子里出来。
那我就守在妈妈的肚子边。

一年以后，我看到一岁的宝宝与她的"猫哥哥"
一起趴在床上。

都是健康的宝宝，都是人类的小天使。

仁孩子在一起多和谐、多幸福。

·小·孩通过家长的言传身教，能够从小·热爱·小·生命，从小·会保护比它弱·小·的动物，那么他们可以永远保持那颗金子般的心·。

可爱的小·萌萌。

四、牛蛙与弯弯的成长记录

1.牛蛙与弯弯的来历

这一集的主角是牛蛙与弯弯，它们是后园流浪猫的后代。

牛蛙的前辈在秋天做了节育。它现在继续在这后园流连忘返，只是那个后园换了主人，反正它活得很自在。这个小区居民不错，喂猫的人也不少，它就吃着百家姓的饭。

有人说狗恋的是人，猫恋的是家。事实似乎并不都是这样，我曾经在后院喂养了三四只流浪猫，也喂过它们生育的小猫，从刚断奶喂到成年，可它们说离开就离开，既不恋人，也不恋家。但是，旧的刚离开，新的成员又会出现，这几年来，院子里的流浪猫也从来没有中断过。

那天，一直出现在我家后园的奶牛猫带着小猫在院子里玩耍，小猫看到我似乎想靠近又不敢靠近，童真的小脸让人顿生怜爱，同样是小猫咪，表情却很不相同，不知道我是否收养它？但它警觉性似乎格外高。

好吃的东西还是很吸引它的目光的。

但还是很小心，一步一回头。

照片上的两只猫是牛蛙的前辈与小·叔。

牛蛙的·小·名叫奶警。

它可爱的模样吸引着好多爱猫者。

还有一个黑宝妹妹。

它后来走进一个摄影师朋友的家庭。

牛蛙的妹妹叫弯弯，因为它的尾巴是弯的，
就因此而得名。长大以后成为淘宝天猫的代言猫。

这只玳瑁小·猫被送给一个猫友，听说现在成了大胖子。

牛蛙第一个有缘人是个小·哥哥。
"小·哥哥，你能养我吗？"

"能，爸爸妈妈养我，我养你。"

牛蛙从小·就很精，它觉得这个小·哥哥不靠谱。

就没有跟着他回家。

这衣服有妈妈的味道。躲在这里比较安心。

我哪里都不想去。

我死缠着妈妈，哪里都不去。

2.弯弯

弯弯从小·就是万人迷。

在公园拍的照片，被好人家宠物店所用。看在他们爱猫的份儿上，没有告他们侵犯人家的肖像权。

一只"萌"猫可以吸引很多游客。

站得高，看得远。

问世间"萌"为何物，直到看到弯弯才知道。

晚霞的光照射到小·弯弯的脸庞，显得更加可爱。

从·小·喜欢躺在篮子里玩耍。

所有的·小·三花·小·时候
都是疯疯癫癫的。

像一个小·小·舞蹈家。

挂着一个白色
的珍珠项链。

这个项链是妈妈送的。

人家说我比北京的小·花儿、
常州的贝花更疯。

我不是疯，我是在玩艺术。

像阿朵一样能跳能唱。
弯弯跳舞出名后被接到了新家。

3.牛蛙遇到了小小姐姐

那时候的牛蛙被无数人喜欢，想领养它，
为什么它最终还是留在家呢？

在一个美丽的城市里住着一个很可爱的牛蛙王子。
牛蛙王子一直期待着白雪公主的出现。
小·公主来自天府之国。小·公主来上海看世博展，
遇到了小·王子牛蛙。牛蛙期待着，
相信终有一天会有一个真心爱它的小·主人出现。

"在哪里啊？我亲爱的小·主人？"

你真的来了，
我亲爱的小主人。

我有姐姐了。

姐姐好像很爱很爱我。

姐姐抱着我就不放手了。

我能跟姐姐白头偕老吗?

姐姐吃什么呢？牛牛也想吃。

"不行，这包子是咸的，
弟弟不能吃。"

"哦，那姐姐快点吃哟，
我要回家吃猫豆。"

姐吃完了，
姐抱着你回家吧。

那时候因为小·小·姐姐
不能带着牛蛙去成都上学，
只好把牛蛙交给我代养。

牛蛙长大了。

牛蛙长胖了。

我就按着小·小·姐姐的要求，
天天宠着牛蛙，
它爱吃什么给它吃什么，
它爱穿着粉红的衣服就给它
穿粉色的衣服。

有一天上海下雪了，
我还陪着牛蛙踏雪呢。

牛蛙最终会到成都与小··小·姐姐团聚。

后记

猫咪如果不想离开原来的家，总会想尽办法留下，牛蛙是比较恋家的，而且只恋第一个救它的主人。每一次有人来领养，它就躲起来，躲到谁也找不到的地方，直到想领养它的人离开，自己才神秘地跑出来。留下就留下吧，总有一天小小姐姐会把牛蛙接到成都。

牛蛙是只好猫，它现在与数点它们相处得很不错，我们也习惯了它的存在。它忠厚老实，爱护小猫。

这样的猫对我们人类来说都是理想的伴侣。猫无论是和老年人在一起，还是和小孩子在一起都会很快乐。猫和人类可以相互理解，这就奠定了他们友谊的基础。养猫是人生的一大乐趣，猫与人之间的友谊是纯洁的，他们相互友爱，相互忠诚，相互尊敬。

猫喜欢家人给它们带来的安全感，但猫还是很容易随遇而安的。

为了让人和猫都能舒适地生活，有必要让猫遵守各个家庭的纪律。为此，要好好地教导猫，对其进行必须的、最低限度的教育。如果掌握了以下四条，那么训练猫的工作一定能顺利进行。

第一条，当场批评。当它做了不该做的事时，就该马上"不行"，"喂"大声地斥责它。当然猫并不是因为听了主人的话而停止行动，只是因为听到巨大的声音、受了惊吓而停止了行动。如果反复地这么做，猫就会慢慢感到这么做的话要被大声地斥责，太头疼了，因此就再也不做了。

当猫做了不该做的事后，把它带到犯罪现场进行说教是完全没有用的。猫是健忘的动物，即使因为刚才的事而被斥责，它也不会明白自己为何被斥责。

第二条，耐心地教育。对于错误，并不是说今天批评明天就可以允许，而是应该在何时都以同一态度耐心地批评。如果人自己中途放弃，那么这之前的辛劳就白费了。

第三条，绝对不能实行体罚。如果随便地打猫，它就会对主人产生恐惧感，进而产生卑屈的性格。因为猫的身体要比人小得多，所以被打的话很有可能会受伤。

第四条，当它表现很好时要大大地表扬。虽然猫不能明白主人的话，但是它能非常清楚地区分斥责的声音和表扬的声音。当猫被表扬时它的心情也会变好，这样一来教育的效果就逐渐好了。

当然，在这种情况下，当场而不是事后表扬很重要。

五、带着果果去遛弯儿

不是骑白马的都是王子，不是所有的白猫都能长得像
果果这样拉风。

果果一出场就会吸引大家的眼球，
是不是很拉风？

看到它就知道啥叫风度？

上海难得的一场大雪也被果果遇到了。

果果还是个表情帝。

钱妹子娃儿的家猫，
很威风，就是与果果的
眼睛不同。

白菜是双色眼。

朋友家的echo，
带着女猫特有的妖娆。

"我是小·对眼哟。"

总之，细细看来每只白猫都长得不同。

果果不但长得帅，还有着很多猫咪学不会的表情，有时候很Man，有时候很嗲，有时候很温柔，有时候对对眼逗我们笑。

有时候老实得让我心疼，因为它有一颗善良的心，可能从小受到非非的影响，对所有小奶猫很爱护，对所有寄养的猫都很友善，如果有好吃的、好喝的、好用的都让着其他的猫咪。自己会待在一边偷偷流着口水，等着其他猫咪大口大口吃掉食物，它就眼睁睁望着空碗发呆。然后用眼角瞟一眼妈妈，猫粮还有没有？

只要有人看到果果的照片，不喜欢猫的人也会喜欢它。记得有人想出一万元重金来得到它，当然妈妈没有动心，因为果果是集非非与芽芽优点于一身的千金难换的好猫。

好多猫咪都谨慎小心，对素不相识的人都会采取置之不理的态度，有时候还会逃走。有的人觉得只要猫和主人关系亲密就很满足了，但周围的人都认可并且喜爱你的猫咪，也是一件十分令人高兴的事情。所以我把果果培养成"上得了厅堂，入得了厨房"的猫。

在众多动物里，猫咪的姿态最为优美。无论是在家里的卧室床边，还是在野外的空旷草地上，你几乎不能抵挡住它们那极其美丽的姿态。能拥有那么一只可爱的猫咪是很幸福的。

所以每到春暖花开的季节，我都会带着果果去遛弯，也是让小区里的人见识见识果果的风采。让更多的人来爱猫、关心猫。

现在太阳太猛，不宜出门，
我那白白的毛会晒黑的。

最好带一个箩筐出门，就像戴着遮阳帽。

走出家门，
是需要有勇气的。

走，到中心绿地去逛逛。

果果这份胆量早几年
就培养出来了。

果果经常会出来晒太阳。

室内室外只是隔了
一层墙壁。

穿上小·马甲系上牵引带，
出发喽。

外面来来往往的人很多，有点不知所措。

在中心绿地看树上的
小鸟更真实。

远处有一只小狗跑过来。

我跑到车上躲开
小狗的袭击。

我上树。

躲到树上最安全。

感觉这棵大树上了年龄，它的皮肤好粗糙。

保安叔叔一直看着我，我也看着他。思忖着有妈妈在，他不会对我怎么样的，而且我有居住证，我不怕。

小区的景色真不错，怪不得有人说这里的环境设计是得过奖的。

出来遛弯儿才能感觉到大自然真正的魅力。

花开的季节，到处能闻到阵阵花香。

身在花丛中，做猫也风流。

如果每天都能出来走走，呼吸一下新鲜的空气该多好。

这里是小园林，没有城市里热闹的喧哗声。

这里有各种各样的草，
各种各样的树。

这里的空气很好。

这里还有马骑。

我就喜欢过这样的生活。

可是，天黑之前妈妈
一定要带我回家哦。

坐篮子里摆个Poss。

　　我经常带着果果出去遛弯儿，一起奔跑在青青的草地上，一起找一处临水的山坡，一起找一个简单的木屋，一起返璞归真，一起回归自然。

　　这样的感觉真好。幸福的生活就是简简单单。

　　人的一生有猫相伴，就会活得很纯朴、很安静，也很平淡。无须想得太多，未曾看得太远。

　　我们就这样慢慢地行走着，一路上的风景如同我们的人生路，有美丽、有坎坷、有平坦。

　　过往的岁月给我的生活留下了太多的感动，未来的时光将会给我带来更多的温情。

　　有人说，真正的幸福是不能描写的，它只能体会，体会越深就越难以描写，因为真正的幸福不是一些事实的汇集，而是一种状态的持续。幸福不是给别人看的，与别人怎样说无关，重要的是自己心中充满阳光。

　　幸福是无言的。靠语言建立起来的感情和幸福是沙滩上的高楼，经不起风吹雨打。幸福是美丽的。有阳光雨露，花儿才会绽放。心中有爱，用心去笑，人才会感到幸福。融入这样无言的美丽，心会变得宁静、善良、澄清、芳香。

　　当我们老去的时候，一起来翻阅这一天。多年以后，

我依然会记得，果果、数点、白菜、非非、芽芽曾经走进过我的生命，温暖着我的心，多年以后想到它们我又会泪流满面。其实养猫人最怕的就是猫咪比我们老得快，走得早。它们短暂的一生只陪伴我们十几年，最多二十年。但在我们眼里它们永远都是年轻的、漂亮的，一辈子都不会老。它们一直会靠着我们的臂弯撒娇。

不管我们相互能拥有多久，只要我们在一起时用纯纯的爱为彼此撑起一方蔚蓝的天空，这段回忆将会温暖我们的一生。

后记

我家猫现在也只有果果会接受溜达，其他猫都不行。猫咪要从小就形成外出的习惯，或者主人后来给它养成外出的习惯，但是在城市里放养猫咪有很多不安全因素，因此，可以考虑猫主人带猫在外面散步，也就是"遛猫"啦。

猫的瞬间爆发力很强，能跳能窜，小区里来来往往的汽车很多，因此，遛猫时必须要能控制好它，不让它乱跑，否则猫主人很难抓到它，还可能发生意外。为了防止猫咪在遛弯儿的过程中跑丢，应该给猫咪戴上牵引带。我会买那种有小背心的牵引带，这样对猫来说比较舒适，也比较安全。给猫佩戴牵引带时一定要注意掌握好松紧度，不能勒得太紧，也不能太松，否则猫一缩骨就从带里脱出来了。

猫咪一开始不习惯束缚，一套上带就往地上躺，并想方设法从套带里脱身。所以不要急着给它"上套"，先拖着牵引带在屋里走，吸引猫的注意力并让它追逐。当它慢慢熟悉这个玩意儿之后再给它戴上，注意，一定要在房间里给它戴好。让它先熟悉戴牵引带的感觉。慢慢地，如果它不再反抗，带它在房间里走走，教它慢慢习惯这种束缚。第一次带猫外出，要在住处楼下或屋外比较安全的地方，不要走得太远。让猫习惯周围的声音和景物，并注意观察猫的反应。如果猫很恐惧，劝猫主人还是放弃带猫散步的念头，不要强迫。过度强迫猫咪，只会让猫咪觉得害怕，可能会在惊慌中误伤主人，还可能对猫咪的性格产生不好的影响，这可不是主人和猫咪所希望的哟。你的猫会如何表现，取决于猫的个性，因此在使用牵引带遛猫之前要了解你的猫，让猫自己开始走，而不是主人拖着它走。带猫出门散步，最重要的不是人的快乐，而是猫的快乐，

所以，不要强迫不喜欢出门的猫出门，不能把自己的快乐建立在猫的痛苦之上。如果你的猫出门表现得很害怕，而且和主人没有建立起绝对信任的关系，会试图逃脱牵引带。如果是这样，就千万不要再带它出去了。

六、宝爷，你现在过得好吗

前年，我给宝爷拍过不少照片，压缩好的文档还没有发出去，却不知道什么原因，宝爷的主人在人间蒸发了，怎么也找不到她。一年过去了还是杳无音信。今年3月我与朋友杰家堡走访她最后住过的地方，已经人去楼空，听邻居说她去年9月底就搬家了。

我们都想念着这些娇憨可爱的猫咪们，它们曾经在新浪宠物网页占有一定的地位，出现的频率也比较高，拥有的粉丝也很多。我们也感谢她曾经关心爱护过我们的猫咪，她对非非、数点的爱不亚于对自己的几个猫宝贝，也感谢她教会我们认识不少品种猫，比如加菲猫，同时也让我们知道品种猫的来源，如今她突然消失了，让我们都不知所措，不知道是不是发生了什么意外，可能现在受伤害最深的还是那些不会用言语来表达的宝爷们。

我们现在送养救助小猫时，总会提出关键的一句话：新主人要一辈子不离不弃，无论是富裕还是贫穷。

但人都无法预料未来的生活，何况是猫咪。幸或不幸，都不是我们人类所能掌控的。

　　我记得宝爷的主人是一个十分爱猫的人，圈内人都叫她"猫疯子"。当我认识她的时候，她家里已经有不少折耳猫与加菲。她养猫的历史远远超过我们，她告诉我，在很多年之前，第一次见到这种圆滚滚、大头扁脸的胖子时，立刻就疯狂地喜欢上了它们。那种有着一副"超无辜、超委屈"表情和憨相的家伙。后来才知道这"扁脸胖子"就是风靡全球的"加菲"（Garfield）的原型。人们所熟知的加菲由吉姆戴维斯（JimDavis）所创，是个爱说风凉话、爱美食、爱睡觉、喜欢捣蛋捉弄人的大胖猫，是个大人孩子都喜欢的可爱家伙。现实中的加菲，在外观上除了是短毛外，基本继承了波斯猫滑稽的面相，性格温存好静、可爱天真而又不失活泼调皮。

　　她的第一只加菲，是一个又酷、又帅的黑小子"Peat"。虽然只活了短短的8个月，带给她的却是一辈子抹去不去的记忆。

　　第一次养猫、第一只加菲，有"万般宠爱"集一身；第一次的普通小病、第一次的茫然失措、第一次偏信不疑地被庸医延误……

　　也许是天意，小Peat没留下一张照片，但从没在她的记忆力里抹去过。圈子里的人都知道她喜欢加菲，更独爱黑

色的甚至黑脸的，因为那里面有她最爱的Peat的影子，有着深深的、无法忘怀的思念。

黑油油是Peat走后若干年，她拥有的第二只黑加菲。喜欢它是因为它有着跟Peat一样乌黑油亮的背毛，跟Peat一样的又大又圆的古铜色的眼睛，更重要的是它同小Peat是同宗、同源的血亲（小Peat同父、同母的妹妹）。我第一次去她家玩，就拍下了这只黑加菲的照片。

以前国内很多人对"波斯猫"的概念就是蓝眼、长毛或鸳鸯眼的白毛猫，就像我家白菜公主。这几年随着人们生活水平的提高，国内大量爱宠、养宠的人直接能见识到真正的舶来品猫种，特别是国内引进了全美CFA（全球

最大的纯种猫注册权威机构：The Cat Fanciers' Association INC）注册机构，人们逐渐认识、了解和喜欢上了这些体态柔、性格甜、亲近人的小家伙。

加菲，学名异国短毛猫，它属波斯的同宗。区别在于波斯为长毛猫，加菲为短毛猫。加菲还有个别号为"穿着睡袍的波斯猫"，动画片中那个能吃、贪睡、爱耍小心眼的扁脸胖子就是这种短毛猫的原型。其实，这个扁脸胖子真得很能吃，它性格温情、活泼好动，是我们很好的玩伴。

异国短毛猫是经过改良后的波斯，它保留了长毛波斯的甜美，脾气性格更加趋于完美，比长毛的波斯活泼、好动且日常打理简单，是很受欢迎的猫种。

宝爷是一只折耳猫，健康，可爱，人见人爱，
它也算家里的老大。
宝爷只有一个妻子，叫晶晶。
宝爷不像那种猫舍里的种猫，妻妾成群。

杰家堡的阿丝。

阿丝的女儿。

十五、十六。

曾经来过我家玩的十五与十六。
是宝爷最小的两个儿女。

加菲的脸就像被人打过，打得鼻子都没了似的。
有不少人喜欢这种憨憨的样子。

总是一脸的无辜，可以骗吃骗喝。

但经受不起风吹雨打，属于娇生惯养型。

带它出来玩很尽兴。

这就是重点色加菲。　　听说重点色加菲最近很流行。

可能因为长得像黑熊，所以讨人喜欢。

那时候真得很酷。

我们第一次去她家玩，
就发现这个小·酷酷。

后来几次宝爷主人来
我们家玩，都是带着
三花的宝贝女儿奶酪。

它的"萌"，它的可爱，
让不少爱猫者下载过
它的照片。

两只名猫最后一次
到我家玩。

那时候真得很可爱。

**我最后一次见到奶酪，
它已经是亭亭玉立的大姑娘了。**

亲爱的朋友，

你走了，

是一声不响的，

也许你怕我们伤心，

也许你会觉得有点对不起谁，

也许哪一天，

你会突然再出现在我们的面前。

我们都是爱猫人，

不管你的过去，

不管你做错了什么。

我们仍然关心着你，

仍然关心着你家的宝爷与它的儿女们。

七、高傲的白菜公主

总觉得白菜公主不是一只普通的猫咪，它洁净高傲，从不与众猫为伍，它总是独处。喜欢待在太阳下，梳理自己漂亮的像丝绸一样洁白的毛。它有一双非常妩媚的凤眼，而且是双色的。我常想象它是童话故事里走出来的白雪公主。与它在一起，能让人平静。

不管我的工作多累，或者心情有多么不好，只要看着它就会彻底放松。

记得那是2004年的第一场大雪，也是圣诞节的前一天，我怕非非它们怕冷，就到宠物市场买猫窝。那时候我还不会上网购物。结果到了宠物市场猫窝没买到，先发现了小白猫。一家宠物店老板把三只小白猫关在一个又臭又脏又潮的笼子里，吃喝撒拉睡都在这个暗无天日的地方，我发现其中一只在拼命地叫嚷，泪水沾满了它小小的脸，它的哭声引起我无限的同情，我走过来想解放它，我把它从笼子里抱了出来。抱起它，感觉小猫身体很小、很软弱，想到家中的非非生活得那么舒坦，而小小的它却在这里受罪，明天又是圣诞节。干脆给它一个温暖的家吧，当时的一个小小念头，却改变了这只小白猫的一生。后来我又去找这只小白猫的兄弟姐妹，可是它们都不在人间了，都冻死在那个笼子里了。

小白猫也就是白菜，就这样跟我回家了，一路上你钻在我的怀里呼呼大睡，我就用厚厚的棉衣裹着，从此家里多了一猫员。因为它是圣诞节前一天到我家的，那时候它刚满一个月，于是每年的这一天就是它的生日。在宠物市场里就得了皮肤病——猫癣，接到家中又发现耳聋，于是妈妈对你更加爱怜，每次妈妈出门你总要叫嚷，于是妈妈出门就带着你。你成了妈妈的小跟班，公车上，地铁上，马路上无人不识小白菜。那时候你小，妈妈还没有猫包，只好把你放在双肩包里。你把小脑袋放在包外，东张西望。你从小喜欢看风景，现在也是，总喜欢蹲在窗台上，眯着眼睛，像思想者一样。每到天冷的时候，妈妈就想到你的生日；每到过圣诞节时，妈妈就想到你的来临；妈妈真的感谢你的来临，你给妈妈带来了好多快乐。因为有了你，妈妈才学会上网，学会了打字，因为有了你，妈妈才认识你的刀刀妈妈、塞子妈妈、杰申妈妈，认识好多网上的猫爸猫妈。因为有了非非与小数点，有了你，妈妈的生活变得更充实了。妈妈最喜欢看到你那小巧灵敏的身影，你像一个顽皮的小孩子，在新浪网还认识了小猪老师，他

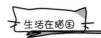

最喜欢你了，每次你的生日，他都要花不少银子给你买漂亮的礼物，有一次买了可爱的公主床送给你。从此后你成了真正的白菜公主。

你喜欢睡在妈妈的电脑桌上，这样妈妈的目光从电脑屏幕上移过来第一眼看到的就是你。

你趴在窗口，看着非非它们在爬树，你却不想出去。

不管是过去还是现在，窗外的风景一直吸引你的目光。

如果带你出去，总会有粉丝跟踪，
你走到哪里就跟你到哪里，
做猫明星不是那么容易，竟不敢在公共场所露面。

出来一趟真不容易，竟引来那么多人的躁动。

围观者太多了。

想办法回家。

有时候你很调皮，
跟妈妈做鬼脸。

在家里你显得格外
自然轻松。

爬架的最高层才是你的宝座。

漂亮的毛也需要经常打理，你一有空就会自己梳理。

梳洗完毕，就妩媚地躺下休息。

跟着妈妈一起经历了
不少风风雨雨。

有人说时间是一把
"杀猫刀"，可在你的
脸上却看不到岁月的痕迹。

有人说你特别高雅。

因为你是公主，
是一直与众不同的猫咪。

你永远年轻漂亮。

无论过去还是将来。

永远是妈妈的宝贝。

我们都喜欢你的文静、高雅。
喜欢你的与猫无争。
你像挂在家里的一幅画。

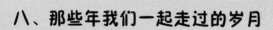

八、那些年我们一起走过的岁月

　　无论多么美好的生活都会成为过去，无论多么深切的悲哀也会落在昨天，时光的流逝毫不留情。生命就像是一个疗伤的过程，我们受伤，痊愈，再受伤，再痊愈。每一次的痊愈好像都是为了迎接下一次的受伤。或许总要彻彻底底地绝望一次，才能重新再活一次。

　　一切都会过去，生命无所谓长短，无所谓欢乐哀愁，无所谓爱恨得失。一切都要过去，像那些花，那些流水……

　　如果世间真有这么一种状态：心灵十分充实和宁静，既不怀恋过去也不奢望将来，放任光阴的流逝而仅仅掌握现在，无匮乏之感也无享受之感，不快乐也不忧愁，既无所求也无所惧，而只感受到自己的存在，处于这种状态的人就可以说自己得到了幸福。但事实上，我们都无法做到。

　　生活从来都不会停止，保持专注，别活在过去，别因为后悔而放慢脚步。微笑，原谅自己，也原谅别人，然后继续向前。

　　但在心里，筑一个角落。在这个角落里，有一种安静而又细致的幸福正在慢慢酝酿。喜欢这一种时刻，知道生命除了外表的喧闹与不安之外，在内还有一种安静和慎重，不会因为时日的推移而消失，就好像水仙淡淡的清芬一样。

富有诗意的回忆很美，很美，美得令人久久陶醉，不忍离开。记得最初与非非相处是那么美好，我们相互的信赖，那份另类的感情植入心底的感动，依然飘香在我一生的最难忘的记忆中。谁都无法挽回昨天美妙动人抑或是酸楚难耐的一幕幕，唯有懂得好好珍惜现在，尽自己的所能去做些有价值的事，才能使我们在回首往事时，少一些遗憾，多一些欣慰和满足。

静静地翻开过去的旧照片，一幕幕往事都出现在眼前，一张张照片记录着我们一起走过的那些年。

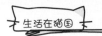

1.非非

那时候我们住着很简陋的房子，
吃着在超市就能买到的喜欢的猫粮。

最爱待在妈妈的电脑桌上。

你的每一个表情都人性化，一直怀疑你是上天赐予我的小天使，陪伴在我左右。

还以为自己是美女，占着白菜的公主床。

那一年上海下雪了，
你站在窗口看到难得一见的雪景，
那神态是那么的美丽。
这张照片被好多猫爸猫妈收藏。

那一年妈妈买了一个摄影棚，准备给乐乐阿姨开淘宝店拍小商品用。你以为是妈妈送给你的小房子，把你乐得合不拢嘴了。

你是一个小人精，高兴或者不高兴都会用你特有的表情表露出来。

　　那一年你穿上妈妈亲自做的海军衫，很神气。
　　被电视台的阿姨发现，还上了电视呢。

妈妈知道你喜欢在篮子里睡觉，
就买了一只很环保的新篮子。

这篮子只能你独用，不能给其他猫享用。
如果其他猫睡过就会留下气味，
你就用撒尿来掩盖其他猫的味道。

以前以为你爱玩，喜欢看窗外的风景，天上的云。
其实你在观察天气，你是一个天气预报员。

那一年汶川地震，
上海也有小小的震动，只是我们没有注意到，
但这一切都被你察觉到了。
成都有你的喜鹊妈妈，有你的阿姨，
还有你的小小妹妹，还有更多的猫咪们，
我们为之担心。一起祈祷祝福。

你当时嗯啊嗯啊呼叫着通知妈妈，
还咬布撒野在暗示什么，可是那时候妈妈很笨，
没有领悟，当晚通过电视才知道成都的灾情。

那时候你喜欢站在窗口，
遥望西方。

后来我知道你可能想
到后园溜达。

刚开始时你没有下后园的台阶。

只是坐在篮子里。

已经坐不住了。

外面的风很大，
妈妈给你披上上衣挡风。

你思考着怎么才能让妈妈放心，
自己可以独自上露台。

那一天你真的独自上露台，爬上树了，表情很淡定。

有人说大树下面好乘凉。可是你到大热天就想跑到后园的大树上。可能树上更凉快。

以前妈妈总是阻挠你，怕你到室外会弄脏，就不准你出门去后园爬树，可那天妈妈自己走出后园，你随后跟了出去。

**妈妈说这棵大树挡住我们家里房间的窗户，
不通风了，准备修剪树干，你趁机上树。**

没想到你已经超重，那树干经不住你的折腾。一晃悠，差点儿把你晃下来。还好你爬树很有经验，拼命抱着另外一根树干，没有从树上掉下来。

从此妈妈不再阻止你上后园爬树，
你爬树的水平也越来越高。

每次都很麻利地上树，很得意地笑。

爬过真树的猫，就不爱爬家里的人造树了。
因为树是有生命的，你可以与它一起呼吸新鲜的空气。

后园的空间可能也容纳不了野心·勃勃的你。

每到周末，妈妈会带你出去走走。

你像狗狗一样喜欢在小区里溜达。同时会吸引不少人的眼球。

因为你是众多猫中最有灵性的一只，你喜欢大自然。

每次出去，妈妈不让你落地，一直抱着就会很累，你知道妈妈怕热，不断地用爪子给妈妈擦汗。

**有一次我们去了很远很远的浦东蓬蓬家，
那一天还下着倾盆大雨。
你望着窗外，开始想家了，
担心着这么大的雨我们回不了家。**

是啊，这次远行真的很难忘，好在我们有自备车，你上下车都很安静。好像知道我们只是走亲访友。不管到哪里，只要与妈妈在一起，就很镇定，那是对妈妈的无比信赖。

2.芽芽

时光，总是在我们毫无察觉的瞬间从指缝间慢慢地滑落，从身边悄悄地溜走。当我们转身欲抓住时，却发现时光已经悄然远去。眼前那一张张略显沧桑的容颜，也早已被岁月烙下了或浓、或淡的印记。

当我站在人生的十字路口茫然徘徊时，望着川流不息疾驰而过的车辆，听着行人疾行的脚步声。我抓住那过往的瞬间，时光就会静静地驻在我心间。当风儿吹过我的发梢，不经意地掠过我的身边时，会令我伤感。时光流逝得如此之快！面对逝去的岁月，只能为我们曾经的无知心怀愧疚。面对虚度了的光阴，我又不能用惭愧来弥补荒废了的时光。

只是，有一种疼痛在拉长，原来思念又在拉长了……

可能，一切的美好，都会随着时光的消逝而变得模糊；唯有回忆，才是时间给彼此最美的礼物。静伫于此般冰冷的寒夜里，望着窗前繁花碧落，枯叶风中舞，细细地品味着这份别致的凉意，心底似乎早已恋上了这样的清寒，这样的夜晚。

　　徘徊在回忆的渡口，用一丝牵念感怀着逝去的流年，想起那些一起走过的岁月，无尽感慨存于心间，往事一幕幕在脑海里重现，似乎整个天空都被寂寞的氛围包裹着，回忆也随绪而至。

　　时光依旧翻阅着脑海里的故事，昔日的光影早已从天边散尽，多少惆怅融入这萧瑟的寒风中，吹疼了我搁浅在心间的思念，也吹醒了我沉睡在记忆深处的落红。

芽芽是一只像非非一样很有灵性的好猫。
越是完美的猫咪就越不能久留在我们人类身边，
它们不属于人类，上天随时随地会把它们召回。

　　芽芽是一只比狗还忠诚的猫咪，它的一生很短暂，但很辉煌。它像流星，凡是见过它的人，只要在它面前许个愿，就有可能会实现。可惜好多朋友都错过了。

只有我在它面前许过愿，那就是让非非一家都能健健康康地活着，于是我实现了这个愿望。

2005年7月27日，我救助了小猫多多，没有想到它的身上带着两种可怕的病毒，这些病毒是猫咪杀手。这两大杀手却没有危害到非非一家，因为都被芽芽独自挡住了。

芽芽独自承受了这可怕的病毒，芽芽带走了这可怕的病毒，离开了人间。

芽芽怀着对妈妈的爱，对大家的爱，离开了人间，回到天堂，做它的小天使。

相信芽芽在天堂里会默默地祝福我们，同时也祝福着善良的好人们，祝福着能关心小动物、热爱小动物的狗朋猫友。

那时候芽芽与它的兄弟姐妹还在襁褓之中。

芽芽是果果的
亲兄弟。

那时候黄芽菜还是小·孩子。

那时候果果的妹妹糖糖还没去北京。

那时候我们不知道什么是〝萌〞。

那时候果果不知道自己会成宠物界名模。

那时候小·哥俩儿喜欢黏在一起。

芽芽长到八个月大，与非非越来越像。
它俩儿现在成为我一生的回忆。

好在我的生活中有憨憨的数点陪着。

还有爱美的白菜公主。

还有喜欢扮得怪模怪样的果果。

喜欢待在最高一层爬架上。
在猫界里能坐在最高一层的就是最高领导。

如果三只猫都跑到妈妈的电脑桌上，
肯定有重要事向妈妈汇报。
要么就是碗里没有一粒猫粮了，要么就是有外来猫。

那时候数点爱黏着非非。

非非有事没事总爱教训着数点。

3.果果

看到果果少年时代的照片，真舒心。

那一身洁白飘洒的长毛迷倒不少爱猫者。

还有那清澈的蓝眼睛。

果果长大了，就正式成了非非家的一员。

非非能接受的猫一定是温柔的猫。

一定要服从它的指挥。

果果就这样与数点成了同窗好友。

果果以它非凡的耐心得到了长期的居住证。

那一年我家有个没花的后花园，有杂草，也有不少从高楼上丢下来的废物，与邻家不同的地方就是园内有棵大树。几年前刚搬来的时候还是小树，一直没注意它，现在成了大树。那树叶挡住房间的窗。因为是租的房子，就没有必要修剪它。更主要的是我那房东每年都要涨一次房租。眼看那一年房子行情一直在狂涨，不知道什么时候房租又会涨上去，涨得我透不过气来，实在不行又得搬家。

周末天气很好，原来想出去看花，但如果去南汇看桃花，可能那时候花都谢了。赏花成了葬花，可能就没了好心情。于是就宅在家里，给猫咪集体洗澡。当然洗澡之前先让它们出来野一会儿。我鼓足勇气，打开了后园门，让四只猫集体出来遛遛。其他的猫我还是不敢放出来的，特别是三毛，它跑得比谁都快，万一让它跑到后园，跑到小区就麻烦了。

果果与非非经常出来溜达，东逛西逛，逛得很有分寸，反正不会逛到围栏外面。当听到小区里有人放鞭炮，就直往家里跑，回家的路线记得很清楚。

数点一到后园的台阶就走不动了。我送它上树，它的脚就发软了。

那时候数点不会爬树。

好像是放风的时刻到了，果果直接从窗口跳出来。
我家大大小小的篮子都是猫咪的垫脚石。
住在有园子的房子，随时可以出来走走。

有洁癖的白菜是不肯到户外去的。

果果毕竟年轻，常常会玩疯，
这时候非非就会出面教训它。

小打小闹有利于培养感情。

那时候有一只爱吃白菜，长期寄养的猫咪叫三毛。

三毛刚来的时候很安分，
不久以后就开始因抢地盘与非非打架。

五猫集体照。

果果撒野的情景历历在目。

果果疯狂地把自己当成一只球，从台阶滚下去。

别看形象高大，可在妈妈的眼里还是一个小屁孩。
那时候果果的粉丝已经从国内发展到国外了。

数点上树脚都软了。

每一次拍照的时候总会扮酷。

在围栏上放上妈妈的围巾，数点才踏实。

数点终于学会爬树了。

家里的几只猫，只有非非与数点能接受揉猫的阿姨。
感觉有人给它按摩，很享受哟。

不知道自己的体型有多大，
总喜欢进小时候睡过的小篮子里坐坐。
这一坐起来整个身体连同篮子一起滚下地，洋相出足。

数点就像一幅画。

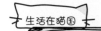

非非在后园很坦然。

数点一学会上树，就上瘾了。

树上风景独好。

换了大房子的三只猫，没有后花园，没有大树，
只能在家里慢慢地回味着以往的生活。

看着这些照片，那些未曾走远的记忆；那些难以捕捉的情怀、那些仿佛近在咫尺的挂念；犹如一曲曲和谐悠扬的萨克斯，奏出魂牵梦萦的时光中的点点滴滴。曲终人散，天下没有不散的宴席，只要记得当初的好，用心铭记，到最后，便成了最刻骨的烙印，再也无法轻易抹去。怀着一颗感恩的心，感谢天地间所有的恩赐和伤害，让最动人的美好和斑驳的伤痕，激励着自己坚持不懈地勇往直前，不求感动天、感动地，只要能不断地提升自己为猫处世的境界，就是给我最大的安慰。

九、果果是宠物界的名模

　　现在季节的交替，全然没有以前那样隆重，甚至毫无声息，也毫无印迹。果果那一件帅气的西服刚刚穿上，再看周围人群猫样，都是短袖、裙装的世界了。街心花圃，那些原本有些羞涩的花儿，或许就在这个黎明，开始张扬，热烈，装扮了一季的鲜活。

　　席慕容曾把生命比喻成一列疾驰的火车，她认为"所有的时刻都很仓皇、模糊，除非你能停下来，远远地回顾"。

　　然而，终没有谁能在人生的道路上稍稍停顿。人生如歌，岁月如诗，过去的终将成为曾经的美丽和芬芳。而唯有生命蜕变为夏花般绚烂，哪怕为了一位孤苦的老人捐赠了一枚硬币，为一株干枯的花儿浇了一杯水，为正义和善良成就了一篇文字，在雨季里曾经为他人撑起过一把伞，在长夜里为同行的人分享一缕灯光，都能彰显人生之壮美。

　　当穿越了绚烂的人生，莅临生命的黄昏时，审视一个个或深或浅的足迹，宛若一株株盛开的莲花，那样的超然，那样的淡定，那样的静美！

　　我独自坐在电脑边，看着曾经亲自为果果拍下的一幅幅明亮的青春记忆，有点得意，这样美妙的猫咪竟出自我家。

　　美丽的果果很早就在新浪宠物界出了名，在一次宠物选秀中得了第一名。它的美丽并非天生的，这美的代价是一双血肉横飞的手。

　　有两个朋友亲眼看到我给果果洗澡梳理，一个是果果的干妈南京的锦儿；一个是米拉妈妈，数点大叔最忠实的粉丝。她们目睹后，都大为感叹，这孩子性格真偏，一点也不配合老妈给它梳理打扮。

　　因为每次给它洗澡梳理都打架，结果弄得两败俱伤。我手上伤痕累累，而果果的屁股也打得白里透红。

果果被打，妈妈也心痛。结果老妈满脸都是泪，母子俩抱头大哭。

其他的猫洗过澡后，好几周都很干净，但果果不行，洗澡后一天就脏得不行了。

因为果果爱去卫生间与厨房间，那里有飞虫进出，果果看到虫子就兴奋，就会穷追不舍。

而这两个地方不是有油腻就是有水痕，果果那一身的白花花的毛就像拖把一样，到处擦啊擦啊。

等到我发现时，它不但白毛成灰毛，而且两爪都成了臭脚丫子。在欣赏星光灿烂的果果的时候，没人发现这美丽的代价都是猫妈妈的汗与血啊。

360° 无死角。

挥动着小爪，也很有气势。

漂亮的白大衣不会过时。

在镜头面前要保持一定的风度。

某洗洁精公司找过果果，想请它做代言。
不过没有签合同，因为果果不愿受约束。

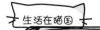

名模就是不一样，不管用什么表情都很上镜。

我做妈妈的模特最开心。

我行我素才是果果的性格。

我只想跟妈妈在一起。

在家才是一个淡定果。

人家说真美人是360°没死角，那我呢？

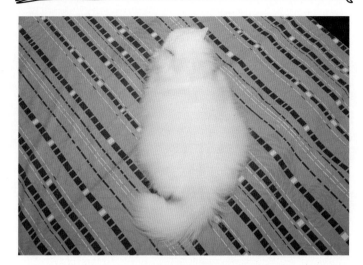

背景更可爱。

宠物服饰公司更是看好果果。

穿什么衣服都漂亮。
漂亮的衣服愿意与大家分享。

最迷幻的眼神。

最挑逗的神情。

最调皮的表情。

也有安静的时候。

坐地上妈妈要骂的，不坐地上屁股要累的，咋办？

性感·小·背心·也穿过一回。

露胸，露肩膀。

妈妈啊，头上是不是有一根草？

蓝天白云下·才发现了白富帅？

听说格子衫一直很流行。

有人说家猫没有流浪猫灵活，
今天我让大家开开眼，看看什么叫生龙活虎？

这新娘不是我的。

这礼服也不是我的，真的不合身。

这衣服才是我的。

老板，我穿衣服走秀了，给工资吗？

不给我工资，就脱掉那件衣服。

今天走T台一天了，有奖品发。
做模特真累，奖品就是一盆草。

罢工了，所有的衣服都滚一边去。

妈妈啊，我想上网找朋友聊天。
其实果果也有无聊的时候，别看通告特别多。

十、贝壳不是凤姐夫

　　2010年4月，那天晚上我在看《非常静距离》电视节目，发现网上正在炒作的凤姐夫，是个帅气的小男孩。然而凤姐就炒作一事高调澄清，电话连线中凤姐多次口出豪言："如果炒作，那我宁愿找一个年龄大的，而不是这样一个未经世事、六神无主的小孩。"只字片语中的爱护之情，让全场的观众咋舌。

　　昨天傍晚，一个从来不上网的朋友来我们这里玩，就悄悄地问我："凤姐是怎么样一个人？"

　　我就打开电脑，他先看到的是我拍的猫照片——贝壳大头照。就很吃惊地问。

　　"这是凤姐？咋这漂亮哟，难怪这么出名。"

　　"NO。这个是凤姐夫还差不多。"

　　"你哪里听来的凤姐的大名？"

　　"我们工作室的同事都在说呢，连工人都知道。我今天就想看看她的照片，想知道她真的是绝代佳人吗？"

　　我听得直乐，不上网的人真好，与外界没有一点关联，这才是纯朴。

凤姐夫否？

否。

谁说我是凤姐夫？

我真的很不喜欢那妞儿。

她敢抱我，吃爪。

有人说这是炒作，为了出名。

我才不要出名，猫怕出名猪怕壮。

谁还在胡说？我真的生气了。

谁还说谁继续吃爪。

我只想做一只安分守己的猫。

我只是猫界中普通的一员。

像所有的家猫一样，享受着主人的宠爱。

简简单单地活着，丰满着该丰满的体型。

几年以后我还是贝壳，与凤姐无关。

躺着的时间比站着的时间多。

习惯了这种姿态。

贝壳是一个美国短尾猫，是一个朋友前不久收养的，原以为家里有一只名叫金金的猫，怕它独自在家太寂寞了，就给它找一个伴，没想到贝壳的到来引起了"水灾"。它在家里到处尿尿，床上尿，地板上尿，包里尿，我的朋友被它尿得崩溃。她实在受不了这种恶性，于是就把它送到我家，希望我能好好管教它。

以前上海人有个说法，养猫要养雌猫，养狗要养雄狗。有不少公猫会在自己的住处周围占领地盘，并用气味、声音、划痕等标记。它们并不是严格按主人房产的边界划分领地的。领地之间有可能重叠，还会有猫集中的公共场所。只要猫在其领地上占统治地位，它的领土范围就不会变化。除非一只更强壮的猫来到了它的领地，经过一番对抗后，领地被重新划分。

如果同一个房子中有两只猫，它们也会划分领地。它们会在房间中占领不同的领地，而共同使用一些重要的地方，例如它们吃饭的地方。同样，它们也会争夺领地。如果我们新领养一只猫，应让它熟悉周围环境后再将它介绍给原有的猫。这样它就不会因在一个陌生的环境中而感到自己处于劣势。

没做过绝育的公猫用喷尿来标记领地，这会产生非常难闻的气味。其他猫也会喷尿，但不会那么频繁，而且气味也没那么难闻。大多数人无法忍受猫在屋内喷尿，但当屋内养有多只猫并且它们要建立自己的社会地位，或附近有一只新来的猫（或其他动物）时，这种情况就会发生。

猫与猫之间会有一种等级制度，即使在那些有血缘关系且相处融洽的猫之间，占统治地位的猫会舔其他的猫，偶尔还会攻击其他的猫。这种统治地位同领地一样，不是固定的。观察一只猫的统治地位是如何被另一只更强壮的猫取代是一件很有趣的事情。

现在为了避免这种事情的发生，每次我们送养小猫时，总会反反复复地吩咐，猫到了适龄时要做绝育。

贝壳就是在这样的情况下被送去宠物医院做了绝育手术的，出来后就安分多了。

十一、七十二家猫房客

每到过年过节，很多猫妈猫爸要为自己的出行做准备，可首要解决的问题恐怕就是宝贝猫咪了。面对长时间的假期，如果不能带宝贝一起出行，寄养就是解决自己暂时没法照顾它们的最好方法。

　　可是，选择什么样的地方来寄养自己的宝贝呢？

（一）选择自己的亲戚或者朋友

　　寄养对象最好是猫咪熟悉的亲朋好友。如果不是，尽可能提前让猫咪熟悉即将去居住的环境，多带猫咪去那里走动几次。

优点：

1.猫咪会产生安全感，从而在最快的时间适应环境。

2.猫咪可以得到很好的照顾。

3.生活环境干净舒适，可以减少猫咪因换环境而导致的抵抗力下降及染病的概率。

备注:

1.带上猫咪的日常用品,包括猫碗、猫窝、玩具、粮食、零食、肉罐头、常用药等。

2.如果猫咪平时喜欢和你一起睡,最好准备一件自己的旧衣服铺在猫窝里,让它可以闻到你的气味,能缓解它紧张的情绪。

(二)养宠物并且做寄养的宠物家庭

现在有不少猫妈猫爸在节日里不出门旅游,而是在家里办起了宠物寄养。到这种类型的寄养场所,虽然同样是爱猫人帮你照顾宝贝,但是由于寄养人家里本来就有猫咪,新来的猫咪很容易让原有居民产生领地被侵犯的感觉从而发起攻击,如果真因此受些小皮外伤,你要有心理准备。把猫咪送去之前,一定要亲自看过寄养家庭的环境,要了解原有居民的健康状况,避免造成疾病传染。

优点:

1.有爱猫人帮你照顾宝贝,可以很放心。

2.生活环境较好。

3.猫咪身体有任何的不适都会很快被发现，并及时给予治疗。

备注：

1.带上猫咪的日常用品，包括猫碗、猫窝、玩具、粮食、零食、罐头、常用药等。

2.如果猫咪平时喜欢和你一起睡，最好准备一件自己的旧衣服铺在猫窝里，让它可以闻到你的气味，会缓解它紧张的情绪。

（三）送宠物医院照顾

现在很多宠物医院都可以寄养宠物。不过各位猫妈猫爸要注意：第一，宠物医院毕竟是一个开放式的环境，容易让猫咪紧张，也有可能感染各类疾病，送之前要做好免疫；第二，工作人员要照顾的宠物肯定不止你家一户，所以不可能像你照顾它们那样上心。

优点：
猫咪在寄养过程中出现任何健康问题都会得到及时的治疗。

备注：

1.带上猫咪的日常用品，包括食具、猫窝、玩具、粮食、零食、肉罐头、常用药、提高免疫力的营养品等。

2.把猫咪平时生活中要注意的事项写在小卡片上，最好贴在它居住的笼子上面，以便工作人员很清楚地了解它们的生活习惯。

3.尽量选择口碑比较好、规模比较大、环境比较干净的宠物医院，哪怕寄养费高些也不要在乎。要是猫咪真的发生什么状况，就不是那点寄养费的问题了。

4.接猫咪回家之前在医院做一下健康检查。

（四）送宠物店寄养

送到宠物店寄养要注意的是，店里面的宠物种类五花八门，如狗、龙猫、仓鼠、蜥蜴、乌龟、鸟等。这样的环境没有什么安静可言，更容易引起猫咪的紧张和恐惧。

备注：

1.带上猫咪的日常用品，包括食具、猫窝、玩具、粮食、零食、肉罐头、常用药、提高免疫力的营养品等。

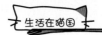
2.把猫咪平时生活中要注意的事项写在小卡片上，最好贴在它居住的笼子上面，以便工作人员能够很清楚地了解它们的生活习惯。

3.选择规模比较大，环境比较干净的宠物店。

4.寄养时要把猫咪安排在离狗较远的地方。

5.接猫咪回家前要先到宠物医院检查身体，看是否交叉感染上了寄生虫。

无论各位猫妈猫爸选择哪种寄养方式，都要事先跟猫宝贝进行沟通，不要突然把它们放到一个陌生的环境里，否则容易使它们产生被抛弃的感觉，造成精神上的抑郁。

非非家庭托猫所

由于我家原来猫就多，又经常有猫友捡到小猫交给我代养，还有可怜的丢弃猫，实在没有办法外出，就干脆给认识的猫友提供了寄养场地。一到过年过节就会忙得不可开交，最累人的"寄托生"就是没满月的奶猫；最烦人的是没有做过绝育的发情的公猫，到处尿尿，而且喜欢惹事生非。最头痛的是寄养猫成弃养猫。原主说好放几天，结果消失了，对猫也不闻不问，接下来那猫成了我的累赘，自己养着还是领养都是问题。特别是被丢弃的大猫，很容易忧郁成病，比如那只金吉拉到我家后情绪一直很压抑，可能是因郁郁寡欢而生病。我花了不少心血与财力来恢复它原来的模样与健康。现在又不敢轻易找新主人，就怕它再一次受到伤害。

接下来是猫房客闪亮登场。

四阿哥自从去年得了尿毒症做了尿道改造手术就改名叫"格格"了。

恢复中。

要恢复健康就要多运动。

现在越来越漂亮了。

是标准的奶爸——小·宝。

不做奶爸就变成猪。

格格的哥哥
很早以前就送人了。

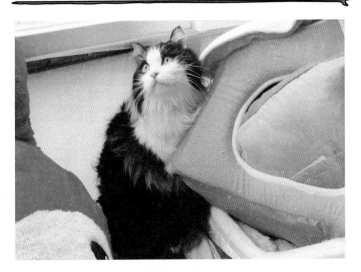

漂亮的长毛奶牛。

多多与小·白。

黛安娜。

斑斑。

这是放年假的寄托生。

B先生也是年假时寄养的。

元帅是我搬到别墅区捡到的第一只小·猫，
那时候只有三个月大。
元帅的主人是一名教师，最近支教去了，
所以又到我家度假。

贝壳是我家的常客。

它总是喜欢反主。

金金小·姐是贝壳的姐姐。

以前独宠的时候更神气。

逃逃·小·姐。

屁屁先生，寄养的第一批客人。

臭臭小·姐。

它是屁屁的亲姐姐。

咪咪老前辈。

球球先生，黑白双色折耳。

小不点小姐。

小·不点在我家的几天里都喜欢在抽屉里睡觉。

奶牛曾经遇到一个庸医，做绝育手术动了两刀，
肚子上多了一个伤疤。

躲猫猫。

橘子先生。

长毛小·三花，
交大流浪猫所生，已经救助送养。

同胎姐妹。

波波先生。

有好吃的吗？我饿了。

这个小美女没心没肺，随遇而安，现定居北京城了。

去了成都的小·皮皮。

珊珊，眼睛是对眼。

珊珊的哥哥，珊文。

萌萌，救助后送人了。

小可小姐，寄养了一年，现在已经领养。

胖子黄豆在我家生活了两年多，已经被主人接回家了。

ECHO小·姐。

找领养的三花。

大美女是所有的寄托生中最聪明的一位。
它会找干净的房间，独自找一个暂时的妈妈一起睡觉
（它找到我的室友，跟着她进了她的房间，因为我的房
间猫多，容易争风吃醋，室友没有猫，它就可以独宠）。

最胖的大咪。

二十多斤重，出门很不方便。

小·黑子，小·秋救助的。

小·黄子与小·黑子是亲兄妹。

近水楼台先得月，小·黄子成了我家的邻居，
每周末都给它拍外景。

无辜的表情招人疼。

我是小小思考者。

戴安娜的哥哥。

懒猫救助的小·猫。

同一窝的小·猫。

交大的一窝小·猫。

还有一个彩狸。

集体领养的猫咪。

同在一个小·窝儿里。

小·葡萄是淮海路救来的小猫。

一直很安静的。

这个可是我一把屎一把尿人工喂养大的奶黄包哟。

我要妈妈抱。

曾经是新浪·小·明星。

一篮子的小·流浪猫。

臭臭、屁屁与九尾。

九尾先生。

天山老童。

小白子。

小小白与葫芦娃。

世子。

小·辣椒。

樱桃·小·丸子姐妹。

刚睁眼的那一天。

妹妹穿着很性感的衣服。

咪咪。

大眼睛·小·美女。

来来小姐是小区流浪猫，自己从纱窗钻进来的。
想过上有家的生活。

这个暑期过
得最嗨的一
个胖起司。

还有这个金吉拉，女主人要怀孕。
家人都要赶走它，女主人无奈之下到处找
有爱心的人相送。
听说后来送给女主人的朋友的朋友，
现在不知道生活得好不好。

结棍儿是个美女，却长成一个帅哥脸。

钱妹子还有一个包子脸。

黄豆是杰家堡救助的，它的儿女们现在都有了温暖的家。
只有猫妈妈黄豆却没人接受，仍旧过着寄养生活。

这猫有着特别的花色，是好友乐乐家的，
自从他们一家搬到北京定居，就没机会见到它了。

水清路的阿姨家有三十多只猫，她把车库与花园都提供给小区里的流浪猫了。这是她家里让人可以接近的一只猫。

车库改造成猫房。

七十二家房客，大多数都已经有了新家，开始了幸福的猫生活，有的还在继续寄养。其实在我这里远远不止七十二个，还有更多的猫，有的都没有拍照，比如小狸花是我们救助领养最神速的一个。只花了短短的三天时间。比如有的小猫送出去又退回来，又送出去又退回来，一送一退就成了大猫。不过现在都找到了一个好主人。退养不是小猫的错，都是几个领养人变数太多。

十二、如果猫咪也能上岗工作

晚上，我倒了一杯咖啡。像平常一样一个人坐在飘窗前，我的电脑桌就在飘窗边，我家的飘窗有两层窗帘，只有两边可以开小窗，开窗的两边都装着纱窗。隔着一层又一层的窗帘，有风吹过，那风必然是很努力的，进了一道窗帘又进一道窗帘，经历了这么多，能量可能也所剩无几了，不过还是有些凉意，而且是自然的，比空调风好得多。我还是喜欢自然的一切的一切。

我伸开双臂，希望自己的身体与风的接触面更大一些。裸露的手臂、张开的手指，不知道能不能抓住风的衣角，让它迷失在掌心的纹路里。

正当我伸开双臂的时候，在电脑台上层睡觉的白菜公主不小心滑落下来，正好被我伸手接住，它可能睡梦中惊醒过来，掉进我的怀里一动不动。我心里有一种说不出的喜悦，高傲的白菜公主也会投怀送抱，真是难得。它那轻柔的光滑的皮毛确实让人爱不释手。

猫咪是所有小动物中最温馨、最宁静、最可爱的。如果有几个好友一起出来品茶，或喝咖啡，或聊天，或上网，陪伴着可爱的猫咪，那是多么美妙的事情，但是在我们国家，无论到哪个公共场合，都不能带猫入内，真是很悲哀。

我们养猫人都习惯了有猫咪安静地守望在我们身边。它们的目光时而自然含蓄，时而意境悠远。能让人的心情处在宁静淡然中。一个真正懂得猫咪的人，喜欢猫咪的人，是不会放过任何与猫相处的机会的。

猫咪不说话的时候是灿烂与静美的，它们说话的时候是清凉与和煦的。这一切，都为我们所有爱猫的人带来一份感动……

我们与猫相处的时候，每天都在安静地读着细小的感动。

我常想与几个好友一起建立一个猫咪咖啡厅，让猫咪来上班。猫咪咖啡厅现在也有不少，像我们这么多猫的可能还是少见。

**从电脑高层滚下来的白菜公主，
一点也不知道刚才惊险的一幕。**

它一点也不知道刚才有多危险，
如果妈妈没接着，它直接掉在地上可能就变成了肉饼。

如果叫胖子做服务生，生意会不会更好？

如果让小·猫咪端盘子、送咖啡会不会很精彩?

还有漂亮的"坐台"小·姐。

让胆小的猫隔着玻璃窗远远观望。

想上网的朋友也有猫陪伴。

这个做领班怎么样？

屋顶上也有咖啡桌。有真花、真猫布置背景。

先生，你要咖啡还是红酒？

我们派果果去做服务生。

果果的工作服穿错了。

换上工作服，瞧！它好忙碌。

调酒师在调制各种各样的酒。

格格在唱歌。

这个服务生被客人包下了。　　　　姨姨抱抱。

所有的爱猫者都可以抱猫进咖啡厅。

广告语：猫咪咖啡，味道好极了。

十三、冒牌非非

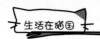

　　世界上没有完全相同的两片叶子，能找到八九不离十的已经不容易了，那天我找到了像非非的小猫。

　　非非离开我们很久了，我对非非的想念从未间断过，这几个月接二连三地救助被丢弃的小猫，就是想感动天、感动地，希望上苍能给我一只像非非一样的小猫。

　　一直在网上翻领养帖，没有类似的。一有空儿也会到几个宠物市场去溜达，从未发现类似的。

　　那天感觉时机到了，就到小狗、小猫最集中的地方——宠物市场。我看到一个店铺门口放着几十只小流浪猫，分别关在小笼子里，等待爱猫者路过领养。我从一个小笼子里发现了像非非一样的小猫，直接抱出来细看，确定毛色很像，它不叫也不闹，性格也有点儿像。于是与店主商量，我决定领养它，店主卖宠物用品，还卖猫粮狗粮，他说放在门口笼子里的猫都是流浪小猫，都是人家丢弃，放到他那里的，我就要了这只小猫，主动给他一笔钱。这猫有两个月大了，就算是他帮我代养了两个月猫的生活费吧。我想这与卖猫无关。找到了小菲菲才是我最大的心愿。

无论是家养的小狗还是小猫，适当的时候也要接受培训。小猫、小狗天生有野性，如果放任自流，长大以后什么样的坏事都会做，叫主人哭笑不得。

小菲菲刚来的时候走路一拐一拐的，像个小瘸子。于是我就给它补钙并喂营养膏，然而它拼命睡觉，可能刚找到家，安心下来了。就让它踏踏实实睡个安稳觉，不要打扰它，估计离开猫妈妈很久了，一直在外面过着担惊受怕的日子。之后发现它频繁上厕所（刚开始它跑到厕所后面或角落去便便，因为它没见过封闭的大厕所，这要细心的猫主人抱它进厕所，一次、两次、多次就让它认识真正的厕所了），发现它的便便有点软，于是喂山羊奶粉加发育宝，调理肠胃，一两周以后一切都正常了，就可以训练它定点吃猫粮，定点上厕所，便便以后盖好沙，这是最起码的规矩。

有人认为，与狗相比，猫显得有些任性，我行我素。大凡有这种想法的人都不大了解猫的习性。本来猫是喜欢单独行动的动物，不像狗那样听从主人的命令。因而它不将主人视为君主，唯命是从。有时候，你怎么叫它，它都当没听见。猫和主人并不是主从关系，把它们看成平等的朋友关系更好一些。也正是这种关系，才显得它们独具魅力。看起来"酷"，实际爱撒娇。

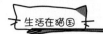

　　猫也把主人看做父母，像小孩一样爱撒娇，它觉得寂寞时会爬上主人的膝盖，或者随意跳到摊开的报纸上坐着，尽显娇态。让人都拿它没办法。

菲菲小·的时候与非非小·时候差不多，都很像一只玩具猫。

很神气。　　　　　　　　**也很淡定。**

对大树也有偏爱之心。

越到高处越危险。

趁现在还没有长大，多拍几张照片。

最可爱的时候就是"卖萌"。

有家真舒心。

还有大哥哥保护。

只要有家，穿破毛衣也是幸福的。

穿旧T恤也很帅气。

人家也有温柔的时候。

小·菲菲成了秋千上花篮的点缀。

调皮的一面都显现出来了。

我想摘葡萄。

不知不觉中已经成年了。

就要满一周岁了。

十四、五猫比嗲功

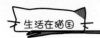

　　我家五只猫的性格各不相同，它们发嗲的方式也不同。非非嗲功一发，妈妈就要完蛋了。它是用占地盘的方式来说明它有多爱妈妈，它决不允许别人与猫靠近妈妈一步。这几天冷空气来了，芽芽、果果都跑到妈妈的床上来取暖，它们搂着妈妈的胳臂睡觉，非非发现自己的地盘被侵占，于是它在半夜里开始发嗲，那黄河之水从非非的屁股下来，奔流到床上不复回。妈妈在睡梦中在大河中游泳，醒来发现两脚已经浸泡在非非的尿水里，真是让人哭笑不得。

　　白天，如果亲戚朋友来访，他们所坐的地方，非非也用它的尿水来清洗一番，非要把人家的气味全洗掉才肯罢休。

　　凡是刚买来的罐头，非非一定要妈妈亲手喂。别的猫儿看到罐头都会争先恐后地抢着吃，而它只是两眼冷对美味佳肴，妈妈怕它吃不到好东西，只好拿筷子喂给它，放在它的嘴里，它才肯吃，而且吃得津津有味。

　　小数点的发嗲很人性化，如果它想吃东西时，就会学小孩子的呼唤，轻轻在叫着："妈咪妈咪"，两只绿色的大眼睛眨巴眨巴地看着你，让你心动，妈妈就会心甘情愿地给它拿吃的。

晚上睡觉时，数点喜欢睡在妈妈的床尾，而用前爪抱着妈妈的脚，不管非非的尿水如倾盆大雨，它就是巍然不动。如果妈妈刚洗过澡，脚上还有水珠，它就啃，啃得妈妈脚心痒痒。

果果的嗲功很文雅，不知道这小子是从电视里学来的，还是天生就会。它每天早上会向妈妈行礼，就是跑到床上给妈妈轻轻的一个吻；妈妈起床了，它就会屁颠屁颠地跟在妈妈的后面；妈妈上厕所都不放过，只要妈妈一坐在马桶上，它准会跳到妈妈的膝盖上，安安静静地坐在妈妈的膝盖上，一直陪着妈妈。

芽芽的嗲功是上电脑。坐在显示屏下面，脑袋搁在键盘上，金黄色的眼珠死死地盯着你，不让你打一个字，你一打字，准让你死机，因为它的爪子已经掌握了键盘。

另一招嗲功同样是跑到床上，在妈妈的左胳臂上摩擦，然后把头靠在妈妈的胳臂上，睡一小会儿，起来又跑到右胳臂上摩擦，用小嘴在妈妈的脸上轻轻碰一下，再咬几根妈妈的头发，然后依着妈妈身体睡下，鼻子里呼呼作声。

小白菜是不轻易发嗲的，它是一个高傲的公主，唯一发嗲的时候，就是妈妈刚进家门，她是第一个跑到妈妈身边，轻轻地、柔柔地呼叫，直叫得妈妈心疼，恨不得把它拥在怀里，给予它最多的抚摸。

每次妈妈回家，无论多忙多累，都要带上好吃的东西给五只猫，以对它们的爱有一个回应。

干嘛把我关在阳台上，昨天不是我尿的。

也不是我尿的。

妈妈真的很生气，把我们集体关在阳台上。

妈妈，放我进来好吧。

上锁了。

请非非写检讨书。

我们集体背黑锅。

数点想办法开锁。

四只猫就耐心·地等待着，
从白天一直等到黑夜。

好像听到开门声了。

一进房间全部跑到床上趴下。

结果被老妈赶下床。

准备吃饭了。

五猫吃饭图。

非非就爱站着观风景。

只要老妈呼叫
肯定回头应答。

白菜那时候春青亮丽。

喜欢占着猫粮储蓄箱。

十五、小·奶猫喂养手册

　　如果是要领养人家刚出生的小猫，那至少要让小猫喝上一个月的奶，这样带回家的小猫才会有足够的抵抗力。如果是在路上捡到的猫，或是已经没有妈妈的小猫，那就不得不用人工喂奶了。

　　在这里再一次强调，绝对不要把狗的食物喂给猫吃，因为当你喂以谷物为基质的狗饲料时，猫很容易发生牛胆氨基酸的营养缺乏，而且猫通常至少需要比狗高两倍量的蛋白质。

　　以下是小猫的一些喂食方法，饲养的人可以视小猫的成长及猫食物的取得情况，而做适当的调配，让小猫健康长大哟！也可以试着从小就让它接触不同的食物，以免它长大后变成一只很挑食的难养猫。如果决定定时喂食，次数12周龄前最好每天4~6餐，6月龄前的猫最好一天3餐，6月龄后的猫因为已经有足够的牙齿去吃任何的饲料了，则一天2餐就可以了。

　　1.猫儿专用奶（cat-milk）。猫的肠胃和人是不同的，所以人喝的牛奶其实是不适合给猫喝的。猫儿专用奶的购买，可以到专业的宠物医院或者是猫用品店、较大规模的宠物店购得。这两年进口的宠物专用山羊奶粉是不错的选择，小猫还不会自己从猫碗里喝奶，那就得准备大些的针筒，由针头（当然，是没有针的了）的地方把猫奶吸入针筒内，再把小猫抱来，以针头就猫口慢慢地将猫奶打入猫口中，此时，小猫也会知道那是食物而慢慢地喝了起来。这里要特别注意：猫奶的温度千万不可太高，因为猫的舌头是很怕烫的。

2.猫干料泡水。在给猫喂饭的半个小时前，就得先将一般的猫粮或干料加水泡软了，等时间一到才能准时开饭。讲究些的话，还可以选购幼猫专用干料。另外，若担心营养不足，还可以用猫儿专用奶替代清水将干料泡软。

3.牛肉精（泥）。

4.小猫罐头。

5.母猫奶。还有一种喂小猫的方法，就是借猫奶头。看看谁家有刚生小猫的母猫，还有多余奶水的。也就是暂时给人家作子，等到小猫可以断奶后再抱回来。

如果小猫还没断奶，那就用下面这些办法，留住可爱猫咪的生命。

（1）吃饭的问题

准备一次性的针管（除去针头），5毫升的，一根自行车用的气门芯（煮沸15分钟消毒），套在原来的针头部位，留出1.5厘米的长度。

如果没有猫咪专用奶粉，就用婴儿奶粉替代，以1：7的比例冲开水，加1/4食母生（粉），一粒鱼肝油（除去胶丸），1/6钙片（粉）；晾凉，温度以倒在手背上不冷不热为宜，用针管吸取乳汁5毫升，套好气门芯（这就是奶嘴），抱起小猫，让它趴好，左手掌托住猫咪的下巴，使其头部微微上仰。挤出一点乳汁，并用奶嘴在小猫的口鼻附近轻轻摩擦，最好能让小猫主动叼住奶嘴进食。针管推进速度不要太快，应该时断时续，以免小猫呛着。

如果小猫不能主动进食，可将气门芯奶嘴剪短，留0.5厘米即可。从猫嘴侧面将奶嘴送入，缓慢给奶，它应该有吞咽反应的，喂奶之后，用温热的湿毛巾将猫嘴、下巴上的污物擦拭干净。至少每隔3小时喂1次，包括晚上，每次吃下2毫升奶即可。只要你的猫咪还能吃奶，我相信它可以活下来的！

注意：不要喂荤食，不要加糖。

（2）观察排泄

正常的话，每次喂奶之后猫咪都应有小便，便便不多于4次/日。

（3）休息

尽量给它提供一个干爽、通风的隐蔽场地，可以用一个大纸箱，侧面掏出一个大洞，里面垫棉垫，将小猫安置其中。注意小猫的保暖能力很差，昼夜温差对它而言也许是致命的。

（4）有人陪伴

最好能有人陪伴它，因为人和猫同属哺乳动物，体温接近，容易让它产生安全感。但不要一味地用手去抱它，那样不利于它的休息。

（5）注意卫生

针管、奶嘴、兑奶用的器皿、小毛巾等用具要注意清洁消毒。奶要现吃现兑，不能预存。

面巾纸要柔软一些的。蘸温水，轻轻擦拭小猫的屁股，要一直擦到干净为止。观察其大小便。

　　尿微黄，便便应为鹅黄色、浓稠、无未经消化的奶块。如果有奶块的话，就要将奶调稀，减少喂奶量和喂奶次数。

20天到30天之间，必须人工喂奶。

20天左右的小·奶黄包。

很能吃，一天要喂∩次的奶。

吃饱喝足了就想玩。

真的很小哟。

小时候胆子很小。

30天以后。

小·奶猫都需要猫妈妈的怀抱与温暖。

捡来的小·奶猫，只好找家里的大猫给它一点温暖。
小·猫长到两个月零十几天，就可以打第一针疫苗。

小·奶猫需要被细心·照顾。

十六、想念非非

独守流年的时光，手指轻轻地敲打着键盘，清脆的声音在屋里碰撞。静心倾听，原来想你的文字也那般缠绵。很多时候，其实对一只猫的思念也是这么缠绵。回味着那些美丽的相处瞬间，蹦出无尽的思绪，诉说着深深的思念。常常喜欢那种空旷而低沉的乐感，喜欢那种如幽谷远山传来的天籁之声，那浓缩了我的心声。

在这一刻，曾经的那些往事是如此的温暖，静静地回味着我们在一起的那段时光，让生命的轨迹赏心悦目。不知不觉中久违的微笑，再一次爬上我忧伤的面庞。忆起那些曾经的美丽的画面。我多么希望时间定格在那一瞬间，让我们就停留在那一时刻。

如今，更多的是忧伤、落寞。我们没有相守一辈子，因为你没有守信，因为你选择了离开，去了天堂。但我还是相信，我们还会相聚，不管在人间还是天堂，我们都会相聚。

现在我留在人间，因为我要照顾你的兄弟姐妹们，我要陪着它们慢慢老去，到时候我们一起到天堂找你。

记得几年前我抱了一只小奶猫回家，取名叫"非非"，因为那时候正是"非典"时期，好多人都不敢接近小动物，而我却收下了你，开始了另类的生活。

你从小就黏我，两个月大的时候，家里来了一个很粗心的女孩，走路不小心就踏到你那小小的身体上。当我听到你的惨叫声，就有心疼的感觉，也来不及问这位朋友来我家做什么，就急急忙忙地抱起你送到医院。医院查了一下，没伤到骨头。可能因为疼痛，你竟两天两夜不肯吃东西，于是我就把你放在床上。这是我第一次把猫放在床上，而且放在枕头边，24小时守着。看着你入睡，看着你醒来，从那个时候开始，你我有了心灵的默契，有了相互的信赖。我发现自己拥有一个最有灵性的小精灵，感激上苍给我这一生中最精美的礼物。

上苍送给我一件最珍贵的礼物——非非。

　　我的生活习惯也开始改变了。以前是走南闯北很少在家，自从有了你，就恋家了。只要一下班我就急着回家，回掉了好多的约会，推辞了好多的饭局。因为回家看到你才是我一生中最大的快乐。每天只要打开家门，你就会在门口迎接我，伸出前爪抱着我的脚。我会把你抱起来，在原地转一圈。为了让你不寂寞，之后就有了小数点、小白菜，家里开始热闹起来。

你身边多了两个小伙伴，数点与白菜。

因为有了你，我发现了小区里的流浪猫，
有时候我去喂流浪猫，你会跟着，但你不会跑远，
只是默默地望着它们。

我怕你爪子落地会弄脏，
就把你抱到一块大石头上让你等着。

喂好流浪猫，就背着你回家。

你养成了一个好习惯，每到傍晚就要到园子里，
好像等待着来讨饭的流浪猫。

更多的时候是站在窗口张望。

如果妈妈有事忘了喂流浪猫，你会提醒，
你不会用语言来表达，但你会用肢体语言向妈妈传达，
你来到猫粮桶边，呼叫着妈妈。

常常怀疑你是上天派来的。

曾经的那些美丽的画面，历历在目。

曾经的那些美好都成了回忆。

我们在一起很快乐。

你喜欢和数点在一起。

我们就这样一起快快乐乐地走过了八个春秋。在2010年的9月底，我给你们找到一个更大、更宽敞的房子，我以为你会高兴，没想到你却病了，得了肾衰竭。我天天抱着你去医院，出租车司机以为我抱着婴儿。那时候你一直低烧，就要保暖，一出门就用粉色的小毛毯裹着。当我在宠物医院下车的时候，司机提醒我，这里不是儿童医院。

在你最后的几天里，眼神里流露出无限的留恋与不舍，你一次又一次强打着精神，喝几口鱼汤，来安慰妈妈。

2010年10月29日00:00，你闭上美丽的眼睛，带着妈妈的爱，离开了人间。

每次看着你的照片，妈妈就要流泪。

生前你是多么关心·爱护数点。
一直甘心·做小·数点的靠枕。

你喜欢妈妈的衣服，因为衣服里有妈妈的味道。

所以你特别依赖妈妈。

仙子
庚寅
暮秋
景苡

这是朋友给你画的肖像。

当我看到你生前最后几天的照片时，
心里有股说不出的难受。

有人说你身上有一道光环。
难道那时候你真的听到上天的召唤，
要远离人间，远离妈妈吗？

十七、养猫知识

（一）饮食

小猫断奶后，开始吃猫粮。最好给它们吃固定品牌的猫粮，一般情况下，不建议频繁更换品牌。因为小猫对食谱的突然改变要有个适应过程，可以先买小袋的猫粮，在食物中添加，让它吃惯这种口味的猫粮，然后每天逐渐减少原来的猫粮的量，以便它的消化系统能顺利地完全接受新食物，避免消化不良。

除了猫粮之外，建议每周给小猫吃一些肉类食物，但是量不要太大，指甲盖大的几小块就可以了。如果想喂牛肉（有的猫主人用牛肉喂小猫，小猫也长得格外壮），应该由人先把牛肉嚼碎，再吐给小猫吃。因为小猫的消化系统中缺少一种酶，而这种酶正好可以通过人的唾液来提供。这样做有利于小猫的消化吸收。

小猫们已经能够自己控制食量的时候，如果你把猫粮留在食盆里，它们饿了就会自己去吃。但是，仍然建议每天早上和晚上各喂一次。如果可能，最好在饭后把食物收起来，特别是那些容易变质的食物。此外，喂食要注意：

定时、定量、定点。

——定时：每天在固定的时间喂食，让小猫养成良好的进食习惯。猫主人也要持之以恒才行呀。不能什么时候想起来了什么时候才喂猫。

——定量：饭量不要忽多忽少。随着猫咪年龄的增加，在某一段时间里（一般是三四个月的时候），小猫的饭量逐渐增长，到八个月以上就保持稳定了。

——定点：猫的食盆和水盆要放在房间的固定地方，不要移来移去的。

猫吃饭的时候不要惊吓它，不然有可能造成厌食。

至于猫罐头，我们一般是拌了米饭再给它们吃。因为猫罐头是高能量、高蛋白质的食物，就像人们在春节的时候吃大餐一样，每次直接喂它们吃的话有可能引起消化不良。而像米饭这样的碳水化合物，对猫的生长是有好处的。

禁忌：绝对不要给小猫喝牛奶。有许多猫的肠胃中缺少消化吸收牛奶的酶，喝牛奶会导致消化不良和拉肚子，而且，牛奶与猫奶的成分也不同。

要随时给小猫准备可以饮用的清水（不能用自来水），并注意每天更换。

（二）排泄

小猫已经习惯用猫沙，所以建议最好继续给它用猫沙。如果要换一种猫沙，主人要把用过的猫沙撒在新猫沙的表面，小猫来家的第一天就带它到便盆里去闻一闻，相信它能很快找到方便的地方。如果发生小猫随地大小便的事件，原因一般有两个：一是没有及时清理便盆，猫厕所太脏；二是小猫刚到新的环境，没找到厕所在哪里。解决的方法是：每天早晚各清理一次猫厕所，把小猫的排泄物放在猫厕所里，然后带小猫过去闻。

（三）睡觉

小猫们有自己的窝，它们喜欢挤在一起睡。到了新环境，它有可能会想要跟人一起睡，最好从一开始就制止它。

猫对温度很敏感，在冬天，它会自己找最暖和的地方睡，在夏天，又会找屋子里最凉快的地方。所以，猫睡觉的地方有时候比较奇怪（比方说冬天睡在电视、电脑显示器上面，夏天睡在柜子上或桌子底下），有时候会给人带来不便，希望你能理解。

（四）玩耍

小猫非常淘气好动，随着年龄的增长，八个月以上的猫一般就不像小猫那样爱玩了，它喜欢在下午临近黄昏的时候站在窗台上看着窗外畅想……小猫爱玩的东西有纸团、绒毛小玩具什么的，建议不要给它玩毛线团，因为容易缠绕发生危险。

小猫爱玩的东西还有家电的电线之类，像这样的危险物品和不宜让小猫玩的东西，千万不要让它玩。在它试图玩这些东西的时候要严厉地制止它，必要的时候可以拍它的头以示惩罚。一定要持之以恒，不要让它有侥幸心理。

如果你不想在跟小猫玩的时候被抓伤，一定要注意：不要用手的一上一下的快速动作来挑逗它。猫天性喜欢扑抓，动作又很快，你做这种挑逗动作很容易被它抓伤。另外，如果它不想让你抱它，那你最好是放它走，不然它有可能伸出指甲来抓伤你。

如果你不想让自己的小猫变成小疯猫或者淘气得无法管教，就不要总是逗它上蹿下跳的。小猫总被招得疯玩、疯闹的，长大以后也会特别"皮"。如果家里有两只小猫，它们自己就能玩得很好。

（五）行为

给猫准备猫抓板，可以用瓦楞纸的纸箱剪开来做，一小块地毯也行。如果你不想让家里的家具、沙发、音箱等物品被抓得伤痕累累，一定要让它从小养成在固定地方磨爪子的习惯，这一点非常重要。

猫喜欢跳跃，如果你不想家里的易碎物品被它冲来一跃打烂，趁早在它到来之前把这些东西收起来。

猫有时喜欢吃点草，如果你家里有植物的话，最好放到它碰不到的地方。有些观赏性植物是有毒的，那就更不能让它碰了。

猫喜欢在人吃饭的时候在饭桌周围走来走去，希望要点东西吃。如果你希望你的猫是一只有教养的好宝宝，就不要在人吃饭的时候顺手给它东西吃，一定要把它轰开，让它知道人吃饭的时候是不能在周围打扰的。解决的方法也很简单，那就是在开饭之前先把猫喂饱，这样，人吃饭的时候它已经吃饱，准备洗洗睡了，就不会再来捣乱了。总之，一定要从小养成好习惯——不但指猫，也指人。养猫人也要养成好的养猫习惯才行，这样，猫长大以后，就知道什么能做，什么不能做，猫主人也会非常省心。

（六）照料

1.梳毛和洗澡

至于中长毛的小猫，需要经常梳理皮毛。至少两天给它彻底梳毛一次。至于洗澡，如果你想给它洗，我们也不反对，但要注意以下几点：

（1）水温：猫的体温比人稍高，在38℃~39℃，所以猫洗澡的水温，人感觉起来应该稍稍偏热一些。

（2）保暖：洗完后应该马上用干毛巾把它包起来并擦干身上的水，用吹风机把毛彻底吹干，以防感冒。

2.剪指甲

每周给小猫剪一次指甲，特别是前爪。剪的时候要注意：只能剪指甲尖半透明的部分，不能剪到发红的部分，发红的地方是肉了。小猫不爱剪指甲的话，可以趁它睡觉的时候剪。小猫睡觉一般都很沉。

3.个人卫生

要经常观察小猫的屁股，看有没有拉肚子。

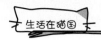
（七）养猫常备药

消炎药、乳酶生、酵母片、消炎眼药水、耳药水、棉花棒。最后嘱咐各位新猫主：请不要让猫居住在室外或放养。

关于猫的眼睛

猫的眼睛向来很迷人，它们能让人感觉猫很温良，但是，说猫在黑暗里能看清事物，这就纯属谣传了。不过，猫确实能够在对我们人类来说已经很黑暗的情况下看见东西。猫的眼睛之所以在黑暗中闪光，是因为猫眼的视网膜后面有一层反射光线的膜，名为反光膜，又称银膜。反光膜能充分利用光线，这使得猫能适应非常弱的光线环境，它与照相机的快门原理很相似。随着光线变得越来越暗，其白天眯成一条缝的瞳孔也逐渐张开成圆形。

吸引人的不只是猫眼的构造，还有它的光学系统，猫的眼睛张得很大，呈绿色，微微斜倾，即便对女性来说，这些也都是美丽的特性，妖媚而又神秘，有些品种的猫长有非常独特的眼线，或许女性描画眼线也是从猫那里学来的。另外，猫的眼睛分古铜色、绿色及蓝色。所有的猫在刚出生后的头三个月，眼睛的颜色都会慢慢发生变化。如果有白猫长着蓝色的眼睛，那么它很可能是聋子。

关于猫的耳朵、鼻子和嘴

猫是十分敏感的动物，它的听力是人的三倍，可以听到很细微的声响。它的嗅觉也很敏感，当然，最挑剔的还是它的嘴。猫的嘴巴能准确地分辨出酸、甜、苦，这让它们成了名副其实的美食家。饲养猫的时候我们应该注意保护猫的这些敏感器官，而不去破坏它们。

猫咪不是人类，它听不懂我们的长篇大论，复杂的音节与长句子只会令它不知所措，弄不清主人的真实意思，因此，主人在教育猫咪时还是使用让猫咪能够清楚了解的方式吧。

给猫取名字

我们每个人都有自己的名字，每只小猫也一样，我们大多时候会根据自己的意愿给猫取名字，比如根据自己的爱好、猫的长相。但是，事实上，猫也是可以根据自己的名字发表意见的，相比较而言，它们更喜欢一个含有两个元音的双音节的名字。

十八、怎样给猫咪做保健

(一)健康检查

定期给家里的猫做健康检查，如果注意到有什么变化，请及时咨询宠物医生。

定期称猫咪的体重。猫的理想体形是，你能触摸到它的肋骨却不会看到肋骨突出；从头到尾，猫的背毛摸起来是光滑、柔软的。

向两侧分开背毛，检查猫身上是否有皮屑或是寄生虫。如果你的小猫背毛杂乱又没有光泽，这可能是由多种原因引起的，请及时咨询宠物医生。

把猫咪的下眼睑轻轻向下扒开，眼睑内侧要呈淡红色，此外，眼白部分要有光泽，并且不能有一点红色。查看瞳孔大小是否正常，并检查瞳孔对光的反应，在黑暗环境中，瞳孔一般比较大，有光线射入时则会变小。对比一下两眼，看外观是否一致。留意眼睛周围的分泌物，颜色变化以及表皮，这些都可能是感染疾病的征兆。

猫的耳朵应该保持清洁，无污垢，呈桃红色并且无异味。检查猫耳上有无耳垢，特别是深色的耳垢，可能是耳螨病的征兆。

扒开猫的小嘴，观察一下它的整副牙齿，看它是否有黄色或深棕色的牙石。这些牙石在后期可能会导致小猫牙齿脱落，最好请医生清除这些牙石。

留意猫的皮肤变化，把双手放在小猫的头部，轻抚它的下巴，再到前脚之后、双肩之下，再向后到背部、屁股以及四肢，还要检查一下猫的爪子和脚掌。

（二）发病的征兆和病症

每一个外表上的变化以及每一个行为的变化都可能是猫生病的征兆。这些征兆可能是：背毛上出现秃点以及明显的毛脱落，出现皮屑、拉肚子、打喷嚏、咳嗽、干呕等，这些都是十分明显的表征，当然，也有些不是那么明显，比如食欲不振、口渴、无精打采、频繁地进出厕所，等等。

所有的这些征兆对我们这些猫主人来说就是一次次的警告，我们都应该认真对待，这些征兆的背后可能并非真的有疾病，但是提前预防总要比让小猫冒险感染疾病要好。比如食欲不振通常是小猫感染的征兆。因此，建议猫主人经常给猫量体温。

（三）给猫用药

如果护理得好，喂养方法得当，家猫一般不会出现什么问题。猫咪有时候会生病，通过服用药物能得到治愈，但让猫服药并不是一件容易的事，因此，在这里分享我是怎样喂药的。

1.喂药片

要尽量避开猫脸，把药片放在拇指与食指之间，另外一只手从后抓住它的头部，更准确地说是抓住下颌。手轻按，弄开猫嘴，以便把药片向下送到它的舌头上。将猫嘴闭上。并轻轻地抚摸猫的喉咙，直到猫把药片咽下。

液体药可以通过无针头的一次性注射器注入猫的口内，轻轻地抬起猫头，用注射器的管口从口牙插入。然后注入药水，整个过程的速度不要太快，否则会呛到猫咪，如果有些药片的溶解性较好，也可以通过一次性注射器喂食。

2.上眼药膏

先把猫放在桌上，用一只手从后颈背部抓住它，同时用拇指把它的眼帘轻轻下拉，另一只手开始给猫上眼膏。注意药膏的管头不要接触到猫的眼球。

3.上耳药膏

将猫的外耳轻轻向后拉，把耳药膏管头伸入尚可看见的耳道部分。给药之后，轻轻抚摸猫的耳基部，以便使药膏深入耳中。

图书在版编目（CIP）数据

生活在猫国 / 非非妈著. —— 北京：中央广播电视
大学出版社，2012.12
ISBN 978-7-304-05931-6

Ⅰ.①生… Ⅱ.①非… Ⅲ.①猫—驯养 Ⅳ.
①S829.3

中国版本图书馆CIP数据核字(2012)第303611号

生活在猫国

非非妈 著

出版·发行： 中央广播电视大学出版社
电话： 营销中心 010-58840200　　　　总编室 010-68182524
网址： http://www.crtvup.com.cn
地址： 北京市海淀区西四环中路 45 号　　邮编：100039
经销： 新华书店北京发行所

策划编辑： 李　娜　　　　　　　　**版式设计：** 郭婵媛
责任编辑： 夏英宏　　　　　　　　**责任印制：** 李　玲

印刷： 北京盛通印刷股份有限公司　　**印数：** 1~5000册
版本： 2013 年 1 月第 1 版　　　　　2013 年 1 月第 1 次印刷
开本： 787 × 1092　1/32　　　　　**印张：** 10.75
字数： 126千字

书号： ISBN 978-7-304-05931-6
定价： 48.00元

（如有缺页或倒装，本社负责退换）